GAGNER DE L'ARGENT AVEC DES DRONES

DES DRONES DANS LE SECTEUR DE LA CONSTRUCTION

LUIS BALDOMERO

Titre de l'ouvrage: Gagner de l'argent avec des drones, des drones dans le secteur de la construction©

Série : Gagner de l'argent avec les drones©

Luis Baldomero Pariapaza Mamani, 2021

Conception de la couverture: Luis Baldomero Pariapaza Mamani

Mise en page et contenu: Luis Baldomero Pariapaza Mamani

Courriel de l'auteur: 153baldor@gmail.com

Première édition

Lima-Pérou 2021

Édition spéciale pour Amazon KDP

Nous savons que vous souhaitez créer ou améliorer votre entreprise de drones, c'est pourquoi nous avons mis en place cette section de liens pour aider le lecteur à accroître ses connaissances ou à obtenir son capital initial. De la même manière, nous incorporons des pages de gestion des ventes et des affaires et produits automatisés (drones) recommandés par l'auteur.

La page de l'auteur (ce sont des hyperliens, des pressions sur lui pour qu'il entre)

Profil Facebook de l'auteur: https://web.facebook.com/luisbaldomero.pariapazamamani.1/

Profil Instagram de l'auteur: https://www.instagram.com/luisjacha153/

Mon compte Peoople : https://peoople.app/luisjacha153

Mon magasin général en ligne : airizani.com

Ma boutique Spreadshirt : https://shop.spreadshirt.es/airizani-/

Ma boutique Redbubble : https://www.redbubble.com/es/people/Luis-Baldo-153/shop?asc=u&ref=account-nav-dropdown

Ma chaîne Youtube : https://www.youtube.com/channel/UCJ2OwT2TSWE434h6MyHPjhA

Liens pour gagner de l'argent gratuit

Vous gagnez 60 euros en une minute: t.me/ganar_dinero_bot?start=1331005492

Cryptoparcage automatique gratuit: https://uranium.cash/r/22216

Gagnez des dollars automatiquement avec Telegram: https://t.me/PayPal_Instant_Pay_Bot?start=r03854192240

Extraction automatique gratuite de bitcoin: https://t.me/Crypto_Claimer_Bot?start=1331005492

Liens commerciaux et marketing automatisés

Administrateur commercial et automaticien d'ActiveCampaign: https://www.activecampaign.com/?_r=SP2SHF9T

Augmentez le potentiel de votre chaîne YouTube avec Tubebuddy: https://www.tubebuddy.com/LuisBaldomero

Liens vers les drones et les produits technologiques

DJI Mini 2 Fly More Combo: https://amzn.to/3spovt4

DJI Mavic Mini Comb: https://amzn.to/2XyImYu

DJI Mavic 2 Pro Drone Quadcopter with Fly More Combo: https://amzn.to/2LuSfnp

Parrot - Thermal Drone 4K: https://amzn.to/3i7xU3H

Xiaolizi Farm Crop/Plant/Trees Protection Agricultural Irrigation 10L Drone Agriculture: https://amzn.to/3nHZzsU

Seek Thermal Compact – All-Purpose Thermal Imaging Camera for Android MicroUSB: https://amzn.to/2XAPmEj

1080P Drones with Camera for Kids and Adults, EACHINE E65HW RC Drone: https://amzn.to/3oNkxs0

Mini Drone for Kids, Hand Operated Induction Aircraft Intelligent Induction Quadcopter: https://amzn.to/3oHUYse

SNAPTAIN H823H Mini Drone for Kids, RC Nano Quadcopter: https://amzn.to/35D0Tak

UTTORA Mini Drone Flying Toy Hand Operated Drones for Kids or Adults: https://amzn.to/3si16tv

Index

Présentation.

L'essor des drones dans l'industrie représente une étape dans le processus d'automatisation et de numérisation de tous les processus industriels. La réduction de la taille des avions et la possibilité d'être pilotés depuis le sol ont entraîné une réduction des coûts d'acquisition avec la polyvalence des fonctions multiples qui en résulte. La série "Making Money with Drones" se concentre sur la description de la plupart des fonctions, des services publics, des technologies et des possibilités commerciales qui peuvent être réalisés avec des drones pour répondre aux besoins des diverses industries existantes. Cette série n'est pas destinée à être un tutoriel qui vous fait gagner automatiquement de l'argent juste en le lisant, mais le lecteur intéressé par la création d'une entreprise avec des drones devrait agir sur les possibilités de service de drones qui peuvent être réalisées dans cette série de livres. Cette collection est destinée à couvrir les besoins des industries telles que l'agriculture, la construction civile, les mines, l'industrie manufacturière, l'élevage, l'archéologie, le pétrole et l'énergie, la marine, la mécanique et le militaire. Ensuite, on cherche des solutions dans lesquelles la numérisation et l'automatisation à l'aide de drones sont prioritaires, pour enfin indiquer quels sont les facteurs qui permettent de générer des revenus après ces services et comment les mettre à l'échelle.

Dans ce premier volume, l'étude de l'industrie de la construction civile sera couverte, en priorisant d'abord ses déficiences ainsi que ses possibilités d'amélioration. On observe que l'industrie de la construction n'a pas évolué sur le plan technologique, utilisant toujours les outils conventionnels d'il y a des siècles dans la construction ainsi que dans l'enregistrement des travaux. L'utilisation de procédés analogiques dans l'enregistrement de l'avancement des travaux se poursuit malgré l'utilisation du format BIM. Dans ce volume, plus de 50 opportunités d'affaires ont été passées en revue, dont certaines sont déjà appliquées, d'autres sont en cours d'expérimentation pratique et les autres encore en cours d'évaluation théorique. Tous ces services sont évolutifs et peuvent être intégrés de manière à ce que le drone puisse effectuer plusieurs tâches en même temps. De la même manière, les technologies des capteurs et des caméras pour l'exécution des tâches des drones sont décrites. Ce guide est la première étape de la monétisation des drones dans le secteur de la construction, où la concurrence est minime, même dans les pays développés.

GAGNER DE L'ARGENT AVEC LES DRONES, LES DRONES DANS LE SECTEUR DE LA CONSTRUCTION

L'UTILITÉ DE L'INDUSTRIE AÉRONAUTIQUE DANS LE SECTEUR DE LA CONSTRUCTION CIVILE

1.- Introduction.

Depuis la conquête du ciel et l'accès au transport aérien, l'être humain a donné de multiples utilités aux machines volantes qui ont été dérivées dans l'industrie de l'armement et du transport principalement. Avec ces machines aériennes, de nouvelles industries indépendantes ont été développées à partir de celles qui existaient déjà, et un accent particulier a été mis sur cet aspect. Les avions conçus avec peu ou pas de fonction de soutien obtenaient d'autres industries classiques telles que le secteur agricole ou la construction, car l'acquisition d'avions nécessitait des capitaux élevés. En outre, l'action d'exploiter des avions pour soutenir d'autres industries nécessitait de grands espaces d'exploitation, qui ne coïncidaient pas toujours avec les espaces de développement des industries classiques. De même, les coûts d'exploitation des avions n'étaient pas réalisables dans les petites industries ou entreprises, de sorte que l'utilité de l'industrie du secteur aéronautique dans les autres industries était très limitée.

Les progrès technologiques constants dans les domaines de l'électronique, des télécommunications et de l'aéronautique ont permis le développement d'avions sans pilote. Au XXIe siècle, ces avions pourraient être dimensionnés à volonté, ce qui permettrait de les utiliser dans de multiples industries, c'est-à-dire qu'un avion polyvalent et multifonctionnel pourrait être créé. Ces avions ont été classés comme des véhicules aériens sans pilote (UAV) ou "drones", ce qui est familièrement leur première utilisation comme cible pour les missiles air-air expérimentaux Sidewinder AIM-9. Il s'est avéré plus tard utile pour la reconnaissance puis pour l'espionnage dans les zones aériennes fortement défendues, sa petite taille le rendant invisible aux radars thermiques et électromagnétiques. En outre, il a été possible d'ajouter une nouvelle faculté à l'avion UAV, à savoir le décollage vertical ou VTOL, ce qui a donné à l'UAV une plus

grande multifonctionnalité.

Dans le domaine civil, elle a été jugée utile dans les actions de loisirs et de publicité, car les drones peuvent transporter des charges utiles acceptables pour transporter des appareils photo de haute qualité et permettre un meilleur enregistrement des photos et des images dans plusieurs angles de vision. Les concours de vitesse et de manœuvrabilité sont d'autres applications récréatives. Les avantages de ce type d'avion dans l'aspect collaboratif avec d'autres technologies ont permis à l'utilisateur de s'adapter rapidement à l'exploitation de cette technologie, permettant ainsi à son marché de se développer rapidement et avec lui sa valeur.

De même, d'autres moyens de tirer parti de la polyvalence et de la multifonctionnalité des drones ont été recherchés comme soutien dans d'autres secteurs tels que l'agriculture et l'exploitation minière, permettant l'émergence d'une agriculture de précision et d'une exploitation minière ciblée. Les objectifs de l'intégration des drones dans d'autres industries sont de simplifier le travail effectué, d'améliorer la perspective de gestion et de réduire les coûts des processus de travail. "Dans l'industrie contemporaine de la construction, les drones multirotor sont un outil qui a le potentiel de faciliter toutes les activités de construction et de les transformer en activités sûres, ce qui permet d'économiser du temps, des coûts et des blessures, au final toutes ces nouvelles méthodes contribueront à une construction de meilleure qualité". (Li et Liu, 2018, p.2) C'est pourquoi nous recherchons des technologies de liaison qui mettent en relation les résultats obtenus avec les drones et les systèmes de gestion de la construction. L'UAV, en plus de voler intelligemment, doit collecter et transmettre toutes sortes d'informations depuis la zone de construction. De plus en plus, les efforts de conception des drones sont axés sur la réduction des dimensions des drones sans nuire à leurs performances et à leur fonctionnalité. Enfin, l'objectif est d'automatiser l'ensemble du processus des drones, première étape de l'automatisation des processus de construction. "Les drones multirotors n'ont pas encore été largement utilisés dans le secteur de la construction, car ce domaine a été lent à adopter les technologies émergentes. (Li et Liu, 2018, p.2)

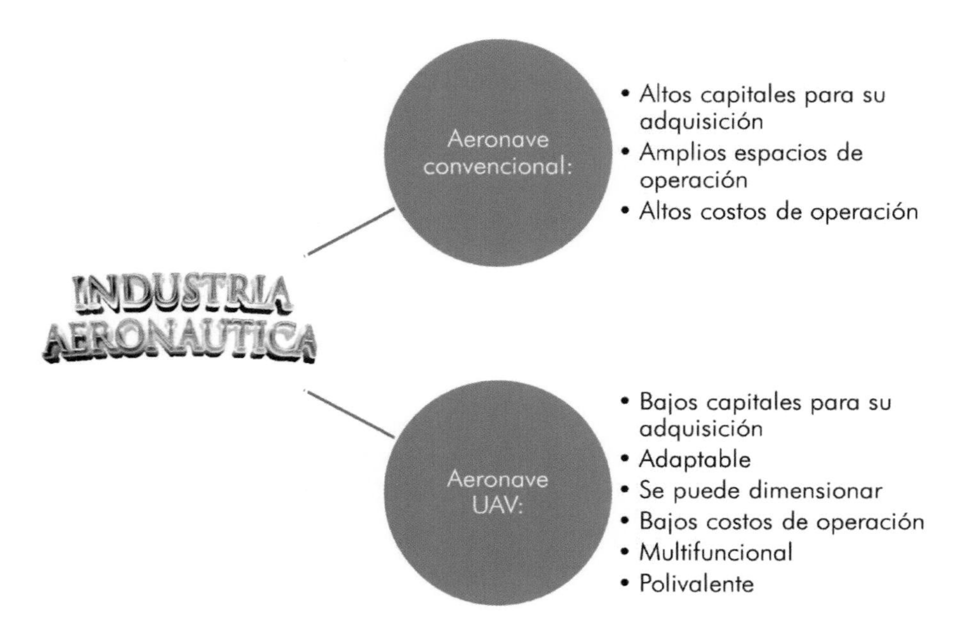

Figure 1 : Comparaison entre l'utilité des avions conventionnels et des drones comme supports pour d'autres industries.

"La planification et la surveillance des activités de construction est l'un des domaines clés dans lesquels les drones et les UAV peuvent améliorer considérablement les performances et la rapidité. En fait, l'industrie de la construction peut tirer parti de ces technologies dans presque tous les aspects pratiques. Par exemple, les drones et les UAV peuvent potentiellement être utilisés à plusieurs étapes d'un projet de construction, notamment la planification préalable, le relevé détaillé et la cartographie du site, la surveillance du processus de construction, les contrôles post-construction, ainsi que les ventes et le marketing. (Anwar, Amir et Ahmed, 2018, p.1) C'est-à-dire que nous pouvons équiper les avions de dispositifs de contrôle qui sont technologiquement liés aux technologies de gestion des processus de construction. Ces technologies de liaison entre les industries aéronautique et de construction civile doivent être développées en fonction des besoins et des domaines d'utilité possibles des drones dans cette industrie. "Les SAMU sont également utiles pour surveiller les grands chantiers de construction. Un grand chantier de construction devient plus difficile à surveiller par le personnel humain et c'est là que le SAMU peut jouer un rôle. (Mosly, 2017, p.237) Le vol et le stationnement du drone à des hauteurs spécifiques permettent une observation large et en temps réel du chantier. Ces applications, et bien d'autres, font actuellement l'objet de recherches et répondent aux problèmes actuels de construction.

Figure 2 : Relation entre l'industrie des drones et l'industrie de la construction.

2.- les demandes de HES en phase de pré-construction.

Nous devons savoir différencier et classer les procédés existants dans la construction, de la même manière que nous classerons les domaines possibles de développement des drones dans cette industrie. Dans la phase de pré-construction, nous délimitons les états et les conditions du contexte dans lequel la construction sera réalisée pour décider des stratégies et des procédures de construction à développer. Nous avons trouvé deux procédés où les drones peuvent être utiles.

2.1.- Evaluation du projet.

Le premier objectif d'un projet de construction est d'identifier le contexte dans lequel les travaux vont être réalisés, c'est là que la photographie et l'enregistrement vidéo sont nécessaires pour identifier les risques éventuels et les obstacles naturels présents. "Contrairement aux informations obtenues par les plates-formes aériennes ou satellitaires traditionnelles, les images fixes ou les vidéos obtenues avec le SAMU ont une meilleure résolution dans les dimensions temporelles et spatiales. Dans le cadre du processus de lancement d'un projet, les géomètres ou les sponsors peuvent adopter le SAMU pour mettre en œuvre des levés aériens afin d'évaluer et de déterminer la faisabilité d'un projet. Cette application est particulièrement pratique dans les zones urbaines, où l'espace est souvent limité et entouré de bâtiments. Les photographies aériennes peuvent être utilisées pour saisir et mesurer le contexte de la construction, pour estimer les dimensions du site, les restrictions de hauteur et les voies d'accès. L'utilisation de la SAMU pour cette tâche permettra aux organisations ou aux gestionnaires de projets d'économiser du temps, des coûts et d'autres ressources. (Zhou, Irizarry et Lu, 2018, p.3) L'UAV permet la première approche du personnel vers la future zone de construction, à partir des informations obtenues par les drones, les contours d'altitude, les conditions du sol, le type de constructions environnantes et d'autres facteurs initiaux importants peuvent être obtenus.

2.2.- Planification du site.

Après l'évaluation du projet, sa validation et la connaissance du contexte, l'environnement de travail peut être planifié. Il est nécessaire de savoir quel type de constructions et d'installations entourent l'espace où l'œuvre sera développée. "Il est connu que la combinaison des activités du site avec la planification et la programmation détaillées d'un projet nécessite des analyses spatiales claires comme références. Étant donné que les méthodes d'entretien et la conception du site ne sont pas adaptées à la démonstration d'une expérience visualisée, un SAMU permet aux gestionnaires de projet de voir physiquement ou virtuellement, offrant ainsi la possibilité de visualiser la conception, la planification et l'organisation du site avant la construction. Par exemple, un plan logistique idéal peut être élaboré et proposé sur la base d'informations aériennes concernant les caractéristiques de surface et les éléments artificiels sur le site ou autour de celui-ci. En outre, un SAMU permet d'obtenir des informations précises sur la source d'eau, la source d'électricité et les canalisations connexes, ce qui contribue à une planification efficace de l'eau et de l'électricité sur le site. (Zhou, Irizarry et Lu, 2018, p.3) Cela nécessite que des capteurs thermiques et multifonctionnels de petites dimensions soient transportés par des drones. De même, des transmetteurs d'informations sont nécessaires pour que les données reçues dans l'avion puissent être envoyées aux dispositifs de gestion des informations. En général, la planification du site avec des drones repose sur l'obtention d'informations du contexte de la construction qui ne sont pas visibles à l'œil nu et qui ne peuvent être obtenues avec des instruments simples. La composition du sol, les sources d'énergie, les volumes de matériaux environnants et l'humidité en sont quelques exemples.

L'étude des sols est l'un des points de départ de tout travail de construction, avec eux nous décidons du type de matériaux et des procédures de construction. L'échantillonnage rapide du sol par un drone peut accélérer la prise de décision, surtout si un radar pénétrant dans le sol (GPR) est incorporé. Malheureusement, il existe de nombreuses limitations dans l'utilisation du GPR en raison des fréquences d'émission du radar et des interférences possibles avec d'autres appareils. L'une des solutions est le balayage térahertz. Ce type d'identification est très différent des rayons X conventionnels car il est totalement inoffensif et non invasif. "Ce système est également connu sous le nom de rayonnement submillimétrique et fonctionne entre 300 GHz et 10 THz selon le niveau d'entrée d'énergie de l'appareil et est capable de détecter des signatures de matériaux tels que l'asphalte et le béton. Dans le spectre, le balayage THz se situe entre les micro-ondes et les ondes lumineuses infrarouges. Les faisceaux de THz transmis à travers les matériaux barrières peuvent être utilisés pour la caractérisation des matériaux, l'inspection des couches, la recherche d'explosifs enfouis. Un rapport non publié de Mott MacDonald a démontré la viabilité du balayage par THz comme alternative au radar à pénétration de sol pour établir les couches de sol et identifier les objets souterrains à des profondeurs de 6 m, même sous des surfaces pavées". (Laefer, 2020, p.13) Ce système peut être très avantageux dans les zones urbaines où les plans municipaux ne garantissent parfois pas les conditions réelles du sous-sol. Il est toujours nécessaire d'actualiser l'emplacement des conduites d'eau et d'évacuation, des gazoducs et des lignes électriques. Cela permettrait d'éviter d'éventuelles ruptures de canalisations, des coups de foudre et la suspension de la circulation des véhicules. Dans le même temps, les problèmes de sécurité au travail seraient évités et il suffirait d'un pilote, d'un copilote, de l'ingénieur responsable et d'un spécialiste de la lecture du scanner térahertz. Ces systèmes d'exploitation forestière sont de plus en plus petits et sont constitués de nanotubules de carbone, les modèles actuels font 45 centimètres de long.

Un autre système alternatif pour l'analyse des sols est l'imagerie hyperspectrale. Tous ces systèmes de lecture nécessitent un processeur et un affichage universels appelés "Building Information Modeling" (BIM). "La disponibilité d'informations spatiales et géométriques précises sur les installations est essentielle tant pour la réussite de tout projet de construction ou de rénovation que pour les stratégies de maintenance. En raison de ces besoins, les principaux avantages peuvent être accumulés grâce à l'application de technologies modernes, telles que le balayage laser et l'imagerie numérique, pour être finalement analysés et intégrés par le BIM comme format de lecture général pour l'inspection avant construction. L'une des conditions essentielles au succès de la BIM est l'automatisation du pipeline d'informations, de l'acquisition et de l'analyse des données jusqu'à leur stockage. En particulier, l'identification et la classification précises des matériaux de construction est une exigence essentielle dans le cadre du processus d'automatisation. Des nuages de points 3D peuvent être créés grâce à l'utilisation de l'imagerie hyperspectrale obtenue par balayage laser. (Amano, Lou et Edwards, 2018, p.4) L'idée de l'enregistrement hyperspectral est spécialement configurée pour identifier les types de matériaux présents à la fois dans le sous-sol et dans les structures existantes.

"Le balayage laser attribue des coordonnées spatiales tridimensionnelles et des intensités à différents points d'une scène, qui construisent les données comme un nuage de points. Cette acquisition de données non destructrice est utile pour obtenir des images des installations historiques et vulnérables. La saisie à distance des bâtiments du patrimoine culturel est une application précieuse pour la gestion de la documentation et de la conservation. L'une des caractéristiques uniques du nuage de points est la possibilité de visualiser l'ensemble de l'installation en totale liberté par rapport au format BIM. Le balayage laser a également été utilisé pour le contrôle de la qualité de la construction, l'évaluation de l'état, le suivi des composants et la surveillance de l'avancement du projet. (Amano, Lou et Edwards, 2018, p.5) Cette caractéristique donne plus de polyvalence au système BIM pour la visualisation du contexte de construction, vu à partir de la reconstruction géométrique, thermique, électromagnétique, hyperspectrale et térahertz en 3D, par conséquent les mauvaises interprétations et les subjectivités seraient éliminées.

"Les caractéristiques des matériaux peuvent être représentées par une identité spectrale des surfaces. Les spectres sont estimés par les valeurs de réflectance qui sont des propriétés physiques du matériau lui-même et qui sont indépendantes de l'éclairage de la scène. Il serait donc utile que l'information spectrale puisse être intégrée dans l'information géométrique 3D afin que le nuage de points puisse être enregistré de manière significative dans le BIM. Les caractéristiques spectrales des matériaux de construction urbains, tels que le béton et les tuiles d'argile qui présentent les effets du vieillissement, ont été examinées afin d'établir une bibliothèque spectrale à mettre en œuvre dans la BIM. (Amano, Lou et Edwards, 2018, p.10) De plus en plus, des documents existent pour différents types de matériaux dans différentes conditions. Avec cet aspect, il est possible de relier le pourcentage de matériaux impliqués aux différentes géométries des structures. La classification des matériaux serait liée à leurs bandes spectrales.

"Les modèles 3D hyperspectraux fournissent une grande quantité de données de haute dimension qui nécessitent des méthodes d'analyse de données avancées. La complexité et le coût de calcul de l'analyse sont beaucoup plus élevés que pour une seule propriété de l'image. Il est possible de réduire ces demandes en sous-échantillonnant les données. Cependant, les exigences de fidélité des résultats finaux en termes de résolution spectrale et spatiale doivent être considérées à l'avance. La différence de résolution spatiale des systèmes d'imagerie peut entraîner des inexactitudes dans l'enregistrement de l'image. (Amano, Lou et Edwards, 2018, p.16). La capacité à réaliser une intégration d'images de

haute qualité, avec identification et classification des matériaux de construction, sera plus automatique. Cela améliorera considérablement l'employabilité de la BIM dans les projets d'identification, de construction, d'inspection et de rénovation d'installations existantes, ce qui se traduira par une efficacité, une fiabilité et une sécurité accrues et une réduction des coûts.

Figure 3 : Collecte de données par scanner térahertz et caméras hyperspectrales.

La zone de construction est toujours une variable en fonction du temps en raison des facteurs climatiques et environnementaux et des interactions humaines. Les glissements de terrain et les accumulations de terre en fonction des phénomènes naturels en sont un exemple. Le grand problème de ce phénomène est de savoir comment les changements environnementaux affectent la zone de construction. C'est pourquoi il est nécessaire de mesurer les changements avec une grande rapidité dans les phases d'évaluation, de construction et de suivi. Toutes sortes de phénomènes doivent être enregistrés, tels que les chutes de neige, les glissements de terrain, l'accumulation d'eau, les inondations, l'augmentation de la végétation et les changements géographiques. "Pour surveiller les risques de glissements de terrain actifs et comprendre les processus impliqués, des mesures spatiales et temporelles sont nécessaires, telles que les taux de déplacement, l'étendue et les changements de la topographie de surface. Pour eux, la télédétection fait partie intégrante de la recherche sur les glissements de terrain depuis de nombreuses décennies, et plusieurs techniques différentes sont utilisées". (Niethammer et al., 2012, p.2) La télédétection peut être exploitée davantage par l'utilisation d'un UAV. "L'imagerie aérienne peut fournir des données importantes sur la texture de la surface, mais les MNT photogrammétriques ne sont souvent pas aussi précis que les modèles numériques de terrain (MNT) aéroportés basés sur le LIDAR". (Niethammer et al., 2012, p.2) Un exemple d'application de la technologie LIDAR s'est produit en France en 2012.

"L'étude a été menée sur le glissement de terrain de Super-Sauze, dans le sud des Alpes françaises. Le glissement de terrain s'est produit dans un bassin torrentiel situé au sommet du torrent Sauze, sur le côté gauche en aval de la vallée de l'Ubaye, et fait partie d'une série de bassins qui ont été constamment actifs depuis les années 1970. Le glissement de terrain s'étend sur une distance horizontale de 850 m entre des élévations de 2105 m à la couronne et de 1740 m au pied, avec une pente moyenne de 25°. Grâce à des reconstructions géométriques, le volume total estimé du glissement de terrain était de 750000 m³. Les vitesses de déplacement de la pente instable varient de 0,01 m à 0,4 m par jour". (Niethammer et al., 2012, p.3) Avec ce système, on peut rapidement observer les changements apportés par la nature et prendre des décisions rapides pour les inverser. Les données finales analysées peuvent être envoyées numériquement en ligne aux ingénieurs et décider des changements à apporter dans le domaine. Cela est vrai pour tous les processus de construction, ce processus est également valable pour le calcul du volume des matériaux ou des mesures de la rivière impliqués dans le projet. "La génération du MNT a été réalisée à l'aide du logiciel de photogrammétrie à courte portée VMS et d'un algorithme de correspondance d'images GOTCHA développé par l'University College London". (Niethammer et al., 2012, p.4) Ce système européen est très similaire au traitement d'images d'Agisoft Photoscan.

3 - Gestion de la construction sur site

Avec les données initiales reçues, les décisions sont prises jusqu'à ce que la phase de construction sur site soit atteinte. C'est à ce stade que le drone peut remplir de multiples fonctions, certaines déjà connues et exécutées de façon archaïque par des machines ou du personnel et d'autres nouvelles grâce à l'interaction entre les technologies de construction, de gestion, de réception de données et de vol.

3.1.- Mouvement de la terre.

L'une des procédures classiques dans la construction est l'enlèvement et le déplacement de la terre pour la création de bases et de fondations solides, en particulier dans les constructions dans des terrains humides. Cette tâche emploie généralement plusieurs machines et du personnel qui sont exposés aux dangers et aux pannes. Souvent, les processus de terrassement sont inexacts par rapport aux plans et il se produit de nombreuses erreurs de construction qui doivent être corrigées, parfois de manière répétée. "En tant qu'outil auxiliaire, un UAS peut être programmé pour survoler un chantier de construction qui nécessite un mouvement de terre, et envoyer des images à des ordinateurs pour construire automatiquement des modèles 3D de son terrain. Une pelleteuse sans équipage et autonome utilisera le modèle 3D construit pour réaliser le plan de conception, creuser des trous et déplacer la terre. Lorsque la machine creuse des trous, les capteurs intégrés de l'excavateur commencent à recueillir des données sur l'évolution de la conception du site. Les processus de conception d'un plan, de creusement de trous et de déplacement de la terre sont répétés à l'infini. Sans interrompre les opérations, cette approche consistant à intégrer un SAMU et une pelle sans équipage à des unités de commande de machines intelligentes autonomes est plus précise, plus productive et plus rentable que les méthodes de terrassement existantes. Une fois le terrassement terminé, un UAS peut retourner en avion pour prendre des images du site après le terrassement afin de vérifier la cohérence entre la conception et la construction du terrassement. En tant que fabricant japonais d'engins de construction, Komatsu coopère avec la start-up américaine Skycatch pour inventer une pelleteuse basée sur la technologie UAS pour le terrassement automatique pour des élévations spécifiques. (Zhou, Irizarry & Lu, 2018, p.4) Le grand avantage de ce système est que toutes les informations sont intégrées en temps réel avec les machines qui exécutent le processus de terrassement. Ce processus est évolutif et peut impliquer plusieurs véhicules autonomes. "La valeur ajoutée attendue des drones est de fournir une mise à jour en direct des données au sol. Ces données traitées rapidement seront utilisées pour donner des ordres précis aux bulldozers autonomes, notamment lors de l'exécution de tâches de nivellement". (Dupont et al., 2017, p.170)

Avec cette idée de base, le drone peut être converti en un centre de contrôle électronique qui peut commander aux robots de creusement la quantité de matériaux à excaver, le rythme de travail et l'ensemble du processus d'opération. De la même manière, l'ensemble du système de contrôle peut également être programmé par les opérateurs de drones et l'enregistrement du processus peut être transmis et enregistré dans les ordinateurs des gestionnaires. Tout ce système peut être plus avantageux dans les opérations de nuit, des systèmes d'éclairage et des caméras thermiques peuvent être inclus dans les drones pour guider le personnel humain dans le processus d'opération. Ce système permet de réduire les accidents et les erreurs de construction, de réduire le temps d'exploitation et d'augmenter les performances grâce à l'automatisation de cette étape de la construction.

Figure 4 : Transformation de la méthode analogique de fouille à la méthode numérique et automatisée

Un autre type d'enregistrement dans le domaine du terrassement est le traitement ultérieur des matériaux excavés. Un dossier complet est nécessaire pour les études d'impact environnemental et les procédures ultérieures avec les organismes publics. Un exemple de l'application des drones dans l'inspection des déchets de construction s'est produit à Taiwan. "La gestion du traçage des sols excédentaires de construction est le principal problème de gestion à Taïwan depuis 1991. Cela est principalement dû au fait que les sols excédentaires de construction étaient souvent considérés comme des déchets jetables et étaient éliminés ouvertement sans surveillance, ce qui entraînait une pollution de l'environnement. Bien que le sol excédentaire soit progressivement considéré comme une ressource réutilisable, certaines entreprises sans scrupules le déversent encore librement pour leur propre commodité. Pour éliminer ce surplus de terre, les bureaux de chantier doivent confirmer auprès de la station d'épuration le volume approximatif de terre à envoyer aux véhicules de transport. Afin de gérer et de suivre les sols de construction excédentaires, les autorités locales ont souvent effectué des contrôles sur place, mais le manque d'outils d'évaluation rapide pour estimer le volume des sols a accru la difficulté d'évaluation pour les inspecteurs. Pour résoudre le problème, des drones ont été adoptés pour le suivi des sols de construction excédentaires, des photographies de site rapidement acquises et des données de nuages de points, et le volume de sol excavé peut être déterminé immédiatement après le traitement. (Jieh et al., 2018, p.1) "Cette étude a principalement utilisé les images capturées par les drones à partir de différentes trajectoires de vol et de divers angles de caméra, en empilant ces multiples images dans un logiciel pour générer des données sur les nuages de points, afin de calculer le volume de ces nuages de points denses. La mise en œuvre du drone dans le suivi des sols de construction excédentaires a consisté en trois procédures, la première étant la génération de nuages de points grâce au logiciel Agisoft PhotoScan à partir des photographies aériennes. La seconde était la conversion de fichiers de données de nuages de points à l'aide d'Autodesk Recap. Enfin, l'estimation des sols excavés a été réalisée à l'aide d'Autodesk Civil 3D". (Jieh et al., 2018, p.2) Cette procédure peut être intégrée à la fois dans les stations de contrôle des véhicules de transport de matériaux et dans les domaines du recyclage des matériaux.

"Un exemple est le chantier de construction du pont, situé dans la municipalité de Guanyin, dans la ville de Taoyuan, à Taiwan. Le modèle de drone adopté dans cette étude était le DJI Phantom 3. Après les procédures de calcul, il a été déterminé que la masse partielle de sol excavée avait un volume d'environ 400 mètres cubes et pouvait être divisée en environ 8 sous-masses à transporter selon le fonctionnement du site". (Jieh et al., 2018, p.3) Ce système est également utile pour automatiser le flux de matériaux. Par exemple, on ne connaît pas le volume et les caractéristiques géométriques de chaque roche qui a quitté la carrière, ni le volume arrivé sur le chantier. Si ces informations pouvaient être enregistrées et synthétisées dans un logiciel, il serait possible de trouver une configuration optimale des roches à un endroit précis, ce qui nous permettrait d'obtenir une base souterraine plus solide et plus résistante. Ce format répond à la règle selon laquelle, pour innover dans le processus de construction, tous les agents qui y participent doivent être connus et quantifiés.

3.2 - Gestion de la logistique de la construction.

Il est essentiel de connaître tous les mouvements des matériaux de construction et de disposer d'un système d'exploitation optimisé pour éviter de faire des erreurs et de retarder le processus de construction. "La logistique concerne le déplacement des matériaux et des équipements de leur lieu d'origine vers les lieux où le travail et la force de travail en ont besoin. La plupart des travaux bruts effectués dans la construction impliquent l'achat de matériaux et de services auprès de fournisseurs et de sous-traitants. La plus grande difficulté concerne l'enregistrement et le suivi en temps utile de tous les outils de construction. L'une des meilleures solutions consiste à utiliser des technologies basées sur les drones pour détecter, identifier et suivre les emplacements des matériaux marqués grâce à un système de localisation en temps réel, tel que le GPS, la radio à bande ultra-large (UW) ou l'identification par radiofréquence. (Li et Liu, 2018, p.4) L'avantage du drone réside dans son champ d'action, il peut enregistrer instantanément de multiples mouvements de matériaux sans qu'il soit nécessaire de faire de longues files d'attente et de créer des goulots d'étranglement dans les enregistrements au sol. Le processus de transmission des informations est automatique et de longs inventaires et enregistrements ne seraient pas nécessaires. En pratique, le processus logistique de la construction aurait des caractéristiques numériques grâce aux drones.

"Les travailleurs passent souvent jusqu'à un tiers de leur temps à chercher le matériel nécessaire à leurs activités courantes. En outre, les ressources de construction arrivent souvent dans des lots de grand volume, mais ne sont pas dans l'ordre requis pour l'installation, ce qui complique encore le processus de gestion. Ces problèmes ont mis en évidence la nécessité d'un suivi automatique des ressources. (Won, Chi et Park, 2020, p.1) Les processus de construction doivent être surveillés à tout moment par tous les participants afin d'éviter les accidents et les retards.

"Contrairement au passé, les projets de construction modernes à grande échelle sont de plus en plus complexes. Cela nécessite des outils et des méthodes innovants pour la gestion des projets". (Zhou, Irizarry et Lu, 2018, p.1) Nombre de ces défis sont liés à la géographie et au personnel humain dans les zones de construction. De plus en plus, la construction se fait dans des zones éloignées des villes dans des environnements complexes. Ces facteurs font que certains des personnels directement impliqués vivent temporairement dans la zone de construction, tandis que d'autres n'ont pas cette capacité, de sorte que le travail

à distance et la numérisation des informations sont essentiels. Tous les contrôles logistiques effectués par les drones peuvent être transmis au personnel administratif grâce à l'internet, de la même manière que les ordres de gestion peuvent être transmis au drone. La chaîne de commandement et les ordres de l'entreprise sont numérisés grâce aux drones, à la transmission en temps réel et à l'internet. L'avantage de ce système de surveillance logistique est plus grand sur les grands chantiers et dans les zones difficiles d'accès. Le vol de l'avion de contrôle n'est pas entravé par la condition géographique.

"L'identification par radiofréquence (RFID) a été démontrée avec succès pour améliorer la logistique de la chaîne d'approvisionnement dans les secteurs de la fabrication et du transport. Cette technologie est très prometteuse dans le secteur de la construction. Le mouvement efficace des matériaux sur un chantier de construction est essentiel à l'efficacité des opérations de construction. L'utilisation de véhicules aériens sans pilote (UAV) est à l'étude pour de nombreux types d'applications d'inspection dans le secteur de la construction. L'objectif de l'intégration des drones est d'améliorer la productivité des travailleurs en identifiant l'emplacement des matériaux pour les équipements de travail de construction. (Hubbard et al., 2015, p.1) Cette technologie intégrée permet de réduire le personnel logistique, de diminuer les coûts d'exploitation et de permettre aux responsables logistiques de connaître en temps réel le mouvement des matériaux. "Les drones peuvent être pilotés à des altitudes et des endroits spécifiques pour capturer des images. Les images peuvent être utilisées pour développer des représentations en 3-D en utilisant la technologie de réalité augmentée (RA). Il permettrait aux gestionnaires de planifier le chantier, par exemple le flux de matériaux et de travailleurs, et d'identifier les problèmes potentiels de construction. (Hubbard et al., 2015, p.3) En résumé, l'enregistrement du trafic de matériel peut être enregistré et programmé par les drones, et le développement de futurs logiciels spécifiques aux drones peut traiter les informations et générer des cartes de trafic de matériel et de personnel pour les gestionnaires. Grâce à cette possibilité, il est possible de visualiser les éventuels problèmes de logistique, de qualité des matériaux et de circulation. Des solutions innovantes pour la future route logistique d'un chantier peuvent également être créées afin de minimiser le temps d'exécution du projet. Le facteur "juste à temps" est très important pour les grandes entreprises de construction face à des appels d'offres de plusieurs millions de dollars et l'utilisation de drones peut être un facteur décisif de succès.

Pour enregistrer correctement tous les outils impliqués dans la construction, il faut mettre en place un type de signal électronique, physique ou numérique qui puisse être détecté par les lecteurs et les capteurs du drone. Une possibilité est d'intégrer les drones aux lecteurs d'identification par radiofréquence (RFID) et à leurs étiquettes correspondantes. "Dans le cadre d'une enquête, l'objectif était de réaliser les premiers tests d'un lecteur RFID implanté dans un drone afin d'évaluer la possibilité de réunir ces deux technologies dans une plate-forme commune utilisant des technologies standard. La méthode utilisée était un test fonctionnel qui visait à déterminer si ces deux technologies pouvaient fonctionner ensemble comme prévu sur le plan conceptuel. Un système simple a été configuré en installant un lecteur RFID dans un drone, qui sont des produits disponibles dans le commerce. Les balises avec des portées de lecture différentes étaient espacées et disposées selon une trajectoire le long de laquelle l'UAV volait. Les chercheurs ont fait voler l'UAV le long de la route pour voir si le système pouvait acquérir des informations à partir des balises comme prévu. La méthodologie comprenait l'identification des paramètres et des spécifications des équipements pertinents, la sélection d'un lecteur RFID, la sélection d'un drone et l'essai de la portée et des capacités du système avec divers transpondeurs. (Hubbard et al., 2015, p.3)

"L'évaluation des lecteurs RFID s'est limitée aux unités portables, qui étaient préférables en raison de leur poids plus léger, de leur alimentation électrique intégrée et de leur système d'acquisition de données autonome qui sont adaptés aux conditions potentiellement défavorables de la zone de construction. Ce type de lecteur RFID mesure environ 21 cm x 8,1 cm x 3,2 cm et pèse 500 g. Il intègre un processeur pour l'acquisition de données, un GPS en temps réel et la possibilité de lire plusieurs types d'étiquettes RFID. La portée de détection des balises est de 3,5 mètres pour les balises UHF de 5 centimètres carrés. (Hubbard et al., 2015, p. 3) Pour obtenir une plus grande efficacité et une meilleure couverture, la technologie RFID et les capacités de charge utile des drones doivent être améliorées. "La base de données d'informations sur les étiquettes, dérivée du système RFID proposé pour les drones, peut être utilisée pour de nombreuses applications. Les données obtenues peuvent être utilisées en conjonction avec les modèles BIM pour fournir une image en trois dimensions. Représentation du composant avec l'étiquette RFID. La représentation visuelle pourrait aider les travailleurs à identifier le matériel sur le chantier et fournir des informations supplémentaires sur le lieu d'installation et les instructions de montage grâce aux informations du modèle BIM. En outre, des études ont été menées sur l'intégration des technologies RFID dans les systèmes de gestion de la chaîne d'approvisionnement de la construction afin de faciliter le suivi et la gestion des projets. (Hubbard et al., 2015, p.6-7) En général, l'objectif est de numériser et d'automatiser les informations dans le cadre du système BIM de construction. Si certains membres du personnel voulaient examiner l'avancement de la construction sous tous ses aspects, ils n'auraient qu'à visualiser un écran général sans avoir besoin de voir les plans, d'ouvrir de gros fichiers informatiques ou de consulter les journaux de bord de l'avancement de la construction.

"Au cours des différents tests effectués, il a été déterminé qu'un drone prêt à l'emploi pouvait manipuler la charge utile du lecteur RFID et fonctionner avec le dispositif d'émission radio sans interférence de fréquence. Le choix de l'équipement s'est avéré crucial pour la réussite de la mise en œuvre. Deux domaines qui doivent être abordés pour améliorer l'identification des étiquettes et la mise en œuvre du système sur le terrain sont la portée de lecture de la RFID et la durée de vie de la batterie du drone. Notre prochaine étape de recherche consistera à poursuivre le développement de cette intégration technologique et à la mettre en œuvre dans le processus de gestion de la chaîne d'approvisionnement pour les projets de construction. (Hubbard et al., 2015, p.7) Ce type de mise en œuvre est encore préliminaire et fait l'objet d'améliorations constantes, mais il faut se donner les moyens d'automatiser la collecte d'informations. Une mise en œuvre préliminaire sur les grands chantiers de construction devrait être recherchée pour valider le concept et démontrer la sécurité.

Une autre étude valide l'utilisation de la RFID avec les drones mais pour connaître à tout moment la position des employés et le type de processus qu'ils effectuent. "La plate-forme proposée utilise un drone qui vole à 10 mètres au-dessus du chantier de construction pour remplacer les travailleurs qui se promènent sur le chantier par des lecteurs portables. La plateforme fonctionne avec des balises actives à ultra-haute fréquence (UHF) qui peuvent idéalement communiquer avec un lecteur situé à environ 100 mètres. La plate-forme recueille les données de l'indice de puissance du signal reçu (RSSI), ainsi que les données de localisation et de mouvement des drones. Au lieu de simplement faire référence à l'emplacement du drone et du RSSI, la plateforme proposée utilise des algorithmes d'apprentissage approfondi pour traiter les différents types de données qui ont été collectées et fournir des données plus valides sur l'emplacement des balises. Des essais expérimentaux ont indiqué que l'intégration des technologies UAV et RFID permettra de générer des informations plus précises sur la localisation des ressources sur l'ensemble du site de construction et ce, plus rapidement, sans avoir recours à des réseaux de capteurs ou de récepteurs multiples. (Won, Chi et Park, 2020, p.2) L'utilisation de la RFID sur les chantiers de construction était déjà connue dans les pays développés, mais le processus d'enregistrement était statique plutôt que dynamique comme c'est le cas dans la construction civile.

"La technologie RFID a été largement utilisée de diverses manières dans le secteur de la construction. La plupart des utilisations sont liées à l'emplacement des matériaux. Un fournisseur de solutions australien a appliqué une solution RFID à une compagnie pétrolière mondiale qui se préparait à un grand projet de construction dans une région reculée de l'Australie occidentale. Déjà, des étiquettes RFID sont placées sur des milliers de ressources de construction qui peuvent être utilisées pendant la construction sur le site. Huit paires d'antennes ont été connectées à chaque interrogateur pour fournir des données d'angle d'arrivée concernant la transmission des balises, qui sont utilisées pour obtenir des informations de localisation des ressources marquées.

Figure 5 : Contrôle automatisé de la logistique d'un projet de construction à l'aide de drones et de la RFID

La technologie RFID a été principalement utilisée pour suivre le projet après son lancement, c'est-à-dire pour voir les mouvements des produits réels, pour savoir où ils se trouvaient et pour recevoir des alertes si les produits n'étaient pas sur place au moment prévu. Une société de gestion des informations sur les bâtiments à Hong Kong propose une solution RFID pour le suivi des actifs des bâtiments modulaires. Cette solution vise à réduire l'incidence des erreurs et à garantir que les actifs sont sur place lorsque cela est nécessaire. Grâce à ce système, les données relatives à l'emplacement et à l'état des biens utilisés pendant la construction sont stockées électroniquement, de sorte que les responsables de la construction sur les sites éloignés peuvent voir quels articles sont stockés ou installés. (Won, Chi et Park, 2020, p.2-3) Les variables infinies impliquées dans la gestion de la construction doivent être mieux contrôlées pour éviter les échecs, améliorer les processus et réduire le temps de construction.

En 2009 déjà, la méthode d'enregistrement RFID avec un véhicule télécommandé a été incluse. "Une méthode plus performante a été mise au point pour l'identification et la localisation des éléments de construction à l'aide du GPS et de la RFID avec un rover mobile. Cependant, le temps de scannage de son modèle a été relativement long pour la gestion pratique des ressources sur le site, en particulier dans un environnement de construction où les changements se produisent rapidement.

En outre, un modèle de rover mobile ne fonctionnerait à pleine capacité que lorsque toutes les parties de la zone de balayage seraient accessibles par voie terrestre. Les niveaux de précision de ce système sont à quelques centimètres des emplacements réels et cela change avec le type d'étiquettes et de lecteurs RFID. (Won, Chi et Park, 2020, p.3) La batterie de l'UAV peut résister à 20 minutes de vol, ce qui permet de scanner une zone d'environ 15 000 mètres carrés à une vitesse de 2 m/s à une hauteur de 20 m au-dessus du sol. Le système GPS fonctionne grâce à l'utilisation d'une cinématique intégrée en temps réel (RTK), qui est précise au centimètre près.

Un autre type de matériel à analyser est celui des structures temporaires qui servent de support structurel ou opérationnel. "En plus du suivi des informations sur la construction, l'étude autonome des équipements, matériaux et structures temporaires pourrait également être explorée. Le contrôle autonome est d'une grande importance pour les éléments préfabriqués, car il permet de réduire les erreurs d'installation et d'améliorer la gestion des stocks. Afin d'améliorer la gestion du juste-à-temps, un suivi efficace et autonome des structures temporaires, comme les échafaudages, et des équipements, comme les grues mobiles, semble également pertinent. Pour les surveiller, les solutions de nuage de points peuvent ne pas être assez précises. La détection traditionnelle pourrait être améliorée grâce à d'autres technologies telles que la RFID, en fournissant une étiquette unique à un composant, indépendamment de son unicité visuelle. (Dupont et autres, 2017, p.170)

3.3.- Administration de la sécurité.

Depuis les premiers bâtiments, le facteur de risque a toujours été élevé pour les constructeurs et le personnel de chantier. De nos jours, c'est encore un travail dangereux avec plus de 20 % des décès en situation de travail sur le nombre total d'accidents industriels. Des sections spéciales ont été créées dans les entreprises de construction pour assurer la sécurité des travailleurs de la construction civile. "La pierre angulaire de tout programme de sécurité de la construction est l'identification et le contrôle des risques". (Gheisari et Esmaeli, 2016, p.2643) Éviter les contextes dans lesquels les accidents sont générés et contrôler que tous les employés utilisent des outils de sécurité personnelle est fondamental pour réduire les accidents du travail et leurs conséquences. "Cependant, les conditions dangereuses sur les sites de service où travaillent les employés figurent parmi les principales causes d'accidents dans la construction et sont directement associées à une supervision inadéquate et à des vues insuffisantes". (Rodrigues et al., 2017, p.175) Souvent, il n'y a pas assez de personnel de sécurité au sol pour surveiller toutes les zones de travail, en particulier dans les constructions de grande hauteur, et cela rend la circulation et la logistique difficiles.

"La gestion de la sécurité dans la construction a été un sujet populaire dans la recherche et la pratique, car les travailleurs sont souvent exposés à des accidents mortels dans l'industrie de la construction. Ils ont d'abord étudié les avantages potentiels des technologies liées aux drones pour les responsables de la sécurité dans le secteur de la construction. Comme les drones multirotor peuvent collecter et fournir des vidéos en temps réel de la situation actuelle sur les chantiers de construction, ils ont exploré leurs applications dans l'inspection de la sécurité des chantiers de construction. Les chercheurs ont conçu une expérience pour simuler un chantier de construction. La tâche d'inspection consistant à détecter si les travailleurs portaient ou non leur casque a été effectuée et visualisée par le biais de différentes conditions de vision, c'est-à-dire une simple vue, un iPad et un iPhone. Les résultats ont révélé la viabilité des drones multirotor dans la gestion de la sécurité, en montrant que les conditions d'affichage de la simple vue et de l'iPad pouvaient fournir une précision satisfaisante dans la détection de la coque. (Li et Liu, 2018, p.4-5) Cela pourrait permettre un meilleur contrôle de la zone et avertir les travailleurs d'utiliser les outils de sécurité appropriés. "En outre, la fatigue est un facteur de risque d'accident primaire pour les travailleurs de la construction et nécessite

une meilleure reconnaissance de la part des responsables de la sécurité de la construction. Des systèmes de surveillance de la fatigue ont récemment été étudiés et mis au point dans le secteur de la construction. On peut prévoir que les drones équipés de systèmes de détection de la fatigue seront capables de surveiller simultanément les mouvements faciaux de nombreux conducteurs de véhicules et d'équipements afin de déterminer s'ils risquent de s'endormir sur un chantier de construction. (Li et Liu, 2018, p.9) Les gestes du visage sont très difficiles à identifier et à traiter par le personnel humain, il faut donc des capteurs et des analyseurs faciaux qui doivent être transportés dans des drones et être capables de transmettre les informations en temps réel aux responsables de la sécurité. "Ainsi, le nombre d'accidents et de maladies professionnelles est nettement inférieur dans les entreprises qui effectuent des inspections de sécurité. D'autre part, l'absence d'inspections de sécurité périodiques peut augmenter le taux d'accidents de 40 %. Le processus d'inspection de la sécurité dans les constructions a trois caractéristiques principales : être fréquent, faire une observation directe et diriger l'interaction avec les travailleurs". (Rodrigues et al., 2017, p.175)

Figure 6 : Incorporation d'une caméra de reconnaissance faciale dans un drone.

"Les drones pourront fournir des informations visuelles en temps réel pour surveiller la sécurité sur les chantiers de construction. Dans un chantier en constante évolution, le travail du responsable de la sécurité du travail sur le site d'observation directe et d'interaction avec les travailleurs en permanence et en temps réel est une excellente application pour les drones. Les drones ont la capacité d'atteindre des positions difficiles sur un site de construction et de fournir des flux vidéo en direct aux responsables de la sécurité. Par conséquent, il est possible pour les responsables de la sécurité d'interagir avec les travailleurs sur le site si la situation se présente. (Hubbard et al., 2015, p.2) Les chercheurs considèrent la HSA comme un outil de photographie aérienne peu coûteux pour l'inspection des constructions, en particulier pour les endroits dangereux ou irréalisables, comme les toits et les façades des bâtiments.

"Le SAMU peut être utilisé comme un outil efficace et économique d'inspection de sécurité pour les structures de grande hauteur. En effet, l'inspection des structures en hauteur est très dangereuse et est considérée comme lente, coûteuse et difficile à diagnostiquer. Les données visuelles recueillies par le SAMU peuvent améliorer l'inspection de sécurité d'un site grâce à une meilleure visualisation des situations de travail. (Mosly, 2017, p.237)

"La gestion de la sécurité sur les chantiers de construction implique généralement une planification de la sécurité et une formation des travailleurs à la sécurité avant les tâches de construction et une inspection de la sécurité pendant la construction. L'inspection de la sécurité exige des responsables ou des agents de sécurité qu'ils surveillent en permanence l'ensemble du site de travail pour détecter les comportements dangereux des travailleurs et les conditions dangereuses des matières ou des machines et qu'ils les corrigent en temps utile. L'approche manuelle est limitée si le nombre d'agents de sécurité responsables d'un grand chantier est insuffisant. Par conséquent, les agents de sécurité ne peuvent pas réagir en temps réel aux comportements dangereux et aux conditions dangereuses. Inversement, certains endroits spécifiques du site ne sont pas sûrs pour le personnel du site. Avec l'aide de l'UAS, les problèmes ci-dessus peuvent être résolus. Le SAMU peut recueillir des données en temps réel sur les violations de la sécurité ou les situations dangereuses qui pourraient avoir un impact négatif pendant le processus de construction. En attendant, les agents de sécurité peuvent utiliser le SAMU comme une sorte d'outil intermédiaire pour les interactions à distance avec les travailleurs du site, qui peuvent obtenir un retour d'information en temps réel. Ces données, y compris les vidéos, les images et les commentaires du site, peuvent être stockées en tant que connaissances utiles pour la planification future de la sécurité du site

ou la formation des travailleurs à la sécurité. Sur la base de l'évaluation de la convivialité, on estime que l'efficacité d'un responsable de la sécurité utilisant la technologie UAS sur le site peut être augmentée de 50 %. (Zhou, Irizarry et Lu, 2018, p.5) Grâce à une meilleure gestion de la sécurité de la construction, les accidents et le personnel de sécurité au sol peuvent être réduits, et par conséquent la réputation de l'entreprise de construction peut être améliorée et les avantages économiques augmentés.

"Les chutes de toits, de structures, d'échelles, d'échelons et par des ouvertures constituent 80 % de tous les accidents de chute dans la construction. Outre les lieux physiques, certaines erreurs humaines contribuent à la survenance d'accidents. Les erreurs humaines les plus courantes sont une mauvaise appréciation d'une situation dangereuse, une utilisation incorrecte ou inappropriée des équipements de protection individuelle (EPI), la protection contre les chutes, l'enlèvement des équipements de sécurité et les équipements de sécurité inutilisables. (Gheisari et Esmaeili, 2019, p.231) Ces 4 facteurs peuvent être enregistrés, traités et transmis du drone aux écrans des responsables de la sécurité. Cela simplifie leur travail et permet une meilleure prise de décision. "Les images d'un incident peuvent être utilisées pour enquêter sur d'éventuels problèmes de sécurité sur le site et pour former les travailleurs. En outre, après un accident, le chef de projet ou le responsable de la sécurité peut mettre en œuvre le SAU pour obtenir des images qui seront utilisées lors de litiges ultérieurs. Enfin, il existe un potentiel d'économies dans l'utilisation de la SAMU. Par exemple, une personne interrogée a fait remarquer que le coût de l'inspection des tours de communication pourrait être réduit si le SAMU pouvait être utilisé par une seule personne, car l'escalade des tours nécessite généralement une équipe d'au moins deux personnes. (Gheisari et Esmaeili, 2019, p.238) Les zones difficiles d'accès peuvent être couvertes par des caméras RGB ainsi que des caméras thermiques pour vérifier les conditions sanitaires structurelles des systèmes temporaires et du personnel opérationnel. Les drones peuvent automatiser le système de surveillance.

"Une communication rapide et efficace entre les travailleurs du site et la direction est importante pour promouvoir la performance de la gestion du projet. Sur le chantier, il y a de nombreuses charpentes ou structures en acier qui peuvent entraîner une diminution des signaux de communication sans fil. Comme pour un projet en construction, les amplificateurs de signaux correspondants sont généralement installés après l'achèvement de la structure principale. Les téléphones portables individuels des travailleurs du site manquent souvent de

signaux et les performances de communication du site sont médiocres. La HES peut être mise en œuvre comme un moyen de communication instantané sur les chantiers. Grâce à des transmetteurs vidéo et vocaux équipés d'un UAS, les chefs de projet pourront interagir directement avec les travailleurs du site. Il serait extrêmement bénéfique de fournir aux gestionnaires cet outil de communication, car il leur permettrait d'être présents à tout moment dans toutes les différentes zones du chantier et de fournir aux travailleurs un retour d'information en temps réel. Cela permettrait d'éviter les malentendus et les coûts liés aux mauvaises communications à partir du site. En outre, les SAMU équipés de caméras thermiques peuvent capter le flux de chaleur, ce qui permet de cartographier les problèmes d'isolation des toits ou des tuyaux. La taille d'un UAS lui permet d'accéder à l'intérieur des projets de construction, ce qui n'est pas possible par hélicoptère en raison des restrictions de taille et de la capacité limitée d'accéder aux espaces ouverts tels que les stades. (Zhou, Irizarry et Lu, 2018, p.4)

Afin de former les entreprises de construction à la mise en œuvre des drones dans la gestion de la sécurité de la construction, il faut d'abord procéder à une planification des objectifs. "La connaissance des caractéristiques du projet et l'expérience du pilote et de l'observateur en ce qui concerne l'utilisation de la technologie, ainsi que les exigences de sécurité pour le projet, sont essentielles pour la décision sur le point d'intérêt pour l'inspection de sécurité. Les recommandations pour cette étape sont les suivantes:

1. connaître la gestion de la sécurité du projet, en favorisant l'intégration entre la technologie et le système de sécurité

2. mener des campagnes d'éducation pour les travailleurs, en expliquant les avantages et les inconvénients de l'utilisation de véhicules aériens sans pilote pour les inspections de sécurité

3. Utilisez un protocole (tel que le formulaire de réunion de planification) pour vous familiariser avec les informations générales du projet, la gestion de la sécurité et la définition du plan de vol.

4. Établir une bonne communication et un engagement efficace de l'équipe de sécurité dans le processus d'inspection avec le drone, afin d'assurer la formation opérationnelle des pilotes et des observateurs à l'utilisation des drones et aux critères de sécurité à inspecter.

5. Pour s'aligner sur l'équipe de sécurité du projet, les points critiques doivent être inspectés avec le drone, en tenant compte des risques et des con-

ditions dangereuses.

6. Établir la séquence des points à surveiller pour l'inspection afin de promouvoir une collecte de données efficace et l'optimisation des batteries.

7. Identifier les éventuelles interférences en vol telles que les grues et autres obstacles qui pourraient compromettre la sécurité du vol, ainsi qu'analyser les points de décollage et d'atterrissage de l'avion. (Rodrigues et al., 2017, p.183-184)

Le processus suivant traite ensuite de la manière de collecter et de traiter les données avec les drones. "L'enregistrement des cas de non-conformité et des informations détaillées sur les conditions de sécurité et d'insécurité joue un rôle important dans l'inspection de la sécurité. Par conséquent, l'utilisation de la technologie UAS pourrait permettre l'enregistrement de diverses exigences de sécurité, qui peuvent être analysées sous différents angles. Toutefois, il est nécessaire de développer des méthodes de traitement pour fournir des informations en temps réel afin d'aider la direction à prendre des décisions en matière de sécurité et à interagir avec les travailleurs. Les lignes directrices relatives à cette étape sont les suivantes :

1. Normaliser le processus de collecte des données afin de simplifier le processus en éliminant les informations redondantes collectées et en réduisant le temps d'inspection. Cette normalisation peut être réalisée en appliquant les listes de contrôle d'inspection de sécurité des UAV (par exemple, la liste de contrôle de mission UAS, le formulaire de données du journal de vol et la liste de contrôle de sécurité de type instantané).

2. Déterminer la fréquence d'inspection des dispositifs de sécurité, en fonction du besoin d'information.

3. Promouvoir l'interaction directe entre l'inspecteur de sécurité, l'UAS et les travailleurs.

4. Traiter les données juste après les vols, pour faciliter l'intervention. (Rodrigues et al., 2017, p.184)

Enfin, il y a les processus d'analyse des données et les actions d'amélioration. "Pour promouvoir l'utilisation efficace des actifs visuels, il est nécessaire d'impliquer les personnes impliquées dans l'inspection de sécurité afin de développer une analyse critique des données et des informations fournies par les actifs visuels, en tenant compte de la législation en vigueur en matière de sécurité. Les principales lignes directrices pour cette étape sont présentées comme suit :

1. promouvoir la ré-analyse des biens visuels collectés afin d'éviter une évaluation subjective par différents inspecteurs

2. Développer des mécanismes pour automatiser l'analyse des actifs visuels.

3. Définir des indicateurs de sécurité pour mesurer l'efficacité de la gestion de la sécurité et évaluer l'impact des drones sur la performance du processus d'inspection.

4. Promouvoir des réunions régulières avec les employés et l'équipe de direction pour présenter et discuter des résultats.

5. Utilisez les ressources visuelles recueillies pour la formation à la sécurité, en donnant des exemples d'actes et de conditions dangereuses vécus sur le lieu de travail.

6. Proposer des actions préventives, correctives et opportunes, basées sur la transparence accrue fournie par les actifs visuels, conduisant à une réduction des taux d'accidents. (Rodrigues et autres, 2017, p.184)

Afin de mettre en œuvre les procédures d'application des drones pour la sécurité de la construction, une expérience a été menée sur un site de construction brésilien. "L'étude a été menée dans deux projets résidentiels situés au Brésil. Les sites de construction étudiés ont été sélectionnés sur la base des critères établis par l'ANAC, qui autorise des vols d'un rayon minimum de 5 km depuis les aéroports et les héliports. Les principales caractéristiques de chaque projet sont décrites ainsi que les caractéristiques du processus de gestion de la sécurité de chaque projet.

Le projet A était un projet de construction de logements pour les personnes à faibles revenus. Les caractéristiques du travail consistaient en une surface de terrain de 150000 mètres terrestres. La surface construite était de 91 000 mètres terrestres. Au total, 1880 unités ont été construites, réparties en 91 bâtiments de cinq étages et cinq bâtiments de trois étages. La durée de construction a été de 24 mois et 600 travailleurs au total ont été impliqués.

Les principales actions à développer et à surveiller sur le chantier étaient le processus de coulage du béton, les processus de couverture, le montage et le démontage des coffrages métalliques, le montage et le démontage des gabarits de plancher de sécurité et enfin le nettoyage, l'installation temporaire et les déchets". (Rodrigues et al., 2017, p.176) Ces actions sont présentes dans la plupart des travaux de construction, en particulier dans l'immobilier des immeubles départementaux de grande hauteur qui impliquent des risques plus importants pour le personnel. Avec la quantité de travaux de construction qui sont effectués par jour, le service d'automatisation de la sécurité du travail avec des drones peut être très avantageux et le coût par heure surveillée peut être complété par des services d'éclairage ou d'enregistrement thermique de la construction, ce qui est particulièrement utile dans les équipes de nuit.

"Le projet B concernait un immeuble d'habitation de grande hauteur. Les principales caractéristiques de la construction étaient une superficie de 2500 mètres carrés. La surface construite était de 151578 mètres carrés. Le nombre total de 104 unités était constitué d'un bâtiment de 26 étages. Le temps de construction a été de 26 mois et 220 ouvriers ont été impliqués.

Les actions à développer sur le site étaient les processus de construction de façades collectives, la protection des équipements et des équipements de protection individuelle, le nettoyage, l'installation temporaire et le traitement des déchets". (Rodrigues et autres, 2017, p.176)

"Les principales exigences de non-conformité en matière de sécurité constatées dans le cadre du projet A au cours des quatre inspections étaient liées au manque d'utilisation d'équipements de protection individuelle (EPI) et à l'absence ou au mauvais état des équipements de protection collective (EPC), en particulier les plates-formes de sécurité. Dans ce cas, bien que des EPI aient été disponibles sur le projet, de nombreux travailleurs qui se trouvaient dans des endroits moins visibles finissent par être négligents dans l'utilisation de l'équipement, ce qui entraîne des conditions de travail dangereuses. Un exemple clair est celui des travailleurs qui travaillent en hauteur, sans ceinture de sécurité reliée à une ligne de vie. (Rodrigues et al., 2017, p.179-181) Il existe de nombreux types de négligence qui peuvent être enregistrés et signalés aux responsables de la sécurité au travail pour être ensuite communiqués aux travailleurs.

Figure 7 : Identification des zones dangereuses sur les sites de construction à l'aide de drones et de caméras de diffusion en direct

En plus de la surveillance de l'être humain, il faut surveiller les mouvements des machines de construction et des véhicules. "Les accidents impliquant un véhicule mobile ou un équipement lourd ont été une cause majeure de blessures mortelles et non mortelles pour les travailleurs de la construction. De 2011 à 2015, cet impact forcé a contribué à 925 décès liés à la construction, soit plus de 18 % du total des décès professionnels dans le secteur de la construction aux États-Unis. Un domaine de recherche majeur dans la prévention des accidents est en ligne avec le développement de la technologie d'automatisation pour la surveillance de proximité entre les entités de construction. La surveillance de la proximité entre les travailleurs et l'équipement permet une détection avancée des dangers potentiels, permettant un retour d'information rapide (par exemple, alarme visible, acoustique et vibratoire) aux travailleurs concernés. Cette intervention proactive peut amener les travailleurs à se préparer à des actions d'évitement, réduisant ainsi la possibilité d'une collision imminente. (Kim et al., 2019, p.168) "Comme technologie alternative pour la surveillance de proximité sur site entre entités de construction, des méthodes de vision par ordinateur sont disponibles pour la surveillance visuelle de proximité assistée par UAV. La méthode du réseau neuronal profond (DNN) a été appliquée pour la détection d'objets. En outre, il existe des méthodes de rectification d'image qui permettent de mesurer la proximité réelle dans une image 2D. Lorsqu'elles sont utilisées ensemble, ces méthodes peuvent surveiller de manière cohérente et entièrement automatisée la proximité entre les bâtiments.

Des tests vidéo aériens sur des sites réels ont montré une performance prometteuse de la méthode proposée ; les erreurs de distance absolues moyennes étaient inférieures à 0,9 mètre et les erreurs absolues moyennes correspondantes en pourcentage étaient d'environ 4 %. Toutefois, il reste encore beaucoup de choses à améliorer pour les applications du monde réel. Tout d'abord, il faut améliorer la capacité de généralisation du réseau accordé ; l'efficacité de calcul de la méthode de rectification doit également être améliorée ; et la construction d'un système intégré avec la technologie de l'Internet des objets (LOT) basé sur le nuage doit être faite. Avec un tel perfectionnement critique, la méthode proposée peut servir de mesure proactive et exécutoire pour l'intervention de sécurité contre les risques de chocs sur les sites de construction, et peut en fin de compte promouvoir un environnement de travail plus sûr pour les travailleurs de la construction. (Kim et al., 2019, p.181) Pour automatiser davantage le processus de contrôle de la sécurité, différents types de machines peuvent être classés selon le degré de danger. Il est évident qu'un chargeur frontal présente un degré de danger plus élevé qu'une planche de bois. Cela permet d'assurer la priorité de l'intervention après la détection d'un événement dangereux et d'en informer l'opérateur à temps. En plus de mesurer les dangers possibles, il est également possible d'enregistrer la réaction humaine aux alertes du système et de disposer de matériel pour les futures formations à la sécurité. Ce système augmente l'efficacité du drone de sécurité au travail.

"Récemment, les réseaux neuronaux profonds (DNN) ont démontré des performances supérieures en matière de détection d'objets, surmontant les difficultés de détection dans la communauté de la vision par ordinateur. Les réseaux profonds permettent l'extraction de caractéristiques détaillées, dont il a été démontré qu'elles fonctionnent de manière plus robuste dans la détection d'objets. (Kim et al., 2019, p.170)

Une autre possibilité offerte par les drones est d'intégrer les dossiers de sécurité dans le format BIM et, selon les plans et conceptions d'origine, de créer les systèmes de sécurité opérationnels pour toutes les étapes de la construction, de la pré-construction à l'inspection. "Les méthodes traditionnelles s'appuient sur des observations et des inspections de dessins en 2D pour détecter les risques potentiels de sécurité, mais les risques de chute sont difficiles à identifier sur la base de dessins statiques. Les risques sont susceptibles d'être modifiés en fonction de diverses conditions, telles que les ordres de modification, les conditions météorologiques et l'état de livraison du matériel, ce qui pourrait entraîner des changements dans un plan de sécurité. La méthode traditionnelle est très longue et exige beaucoup de travail. En outre, il est difficile et peu pratique d'actualiser le plan de sécurité chaque fois que des changements sont apportés au projet. (Alizadehsalehi et al., 2018, p.3) Pour assurer une plus grande sécurité dans la construction, il faut contrôler autant de variables que possible dans le processus de construction. Un plan bidimensionnel ne permet pas de visualiser le contexte en trois dimensions. Le plus approprié est d'avoir un visualiseur universel qui visualise toutes les personnes concernées et d'être dépendant du temps. "Le BIM est un excellent outil de visualisation qui fournit une représentation virtuelle tridimensionnelle du projet de construction, ce qui donne une meilleure idée de l'aspect du produit final. De plus, un modèle BIM 3D intègre facilement les données de conception architecturale, structurelle et mécanique. Un modèle 4D est développé si le modèle BIM 3D est complété par l'ajout d'informations de programmation. (Alizadehsalehi et al., 2018, p.6) Le système de programmation peut inclure la capacité de donner le contrôle au drone pour diriger les avertissements de danger vers les humains. Une machine automatisée comme le drone peut décider plus rapidement et plus objectivement que le personnel de surveillance, et grâce au BIM, il peut identifier à tout moment les points les plus dangereux du chantier et rediriger la couverture du réseau de drones pour mieux surveiller le chantier.

"De nombreuses statistiques indiquent que 75 % des personnes interrogées dans le cadre de leur enquête considèrent que les accidents et les décès dans le secteur de la construction sont prévisibles et évitables si les outils BIM 3D/4D sont utilisés dans la phase de conception. (Alizadehsalehi et al., 2018, p.7) Il est possible qu'en dehors de la conception 4D de la construction, le système de surveillance des dispositifs aériens et terrestres puisse également être conçu de manière à ce que l'ensemble soit intégré et automatisé. Le meilleur candidat pour impliquer les opérateurs dans l'automatisation de la sécurité est le casque. Il jouerait un rôle intelligent d'information, de contribution et d'alerte en cas d'éventualités. Dans les zones urbaines, l'espace d'opération pour le personnel de sécurité est presque nul, l'UAV peut être le centre de commandement entre la gestion de la sécurité et la zone de construction. "D'autre part, ils ont noté que les professionnels étaient dans une certaine mesure sceptiques quant à l'utilisation de la BIM pour la santé et la sécurité, avec seulement 2,2% des répondants utilisant la BIM à cette fin. (Alizadehsalehi et al., 2018, p.7) Comme la plupart de ces enquêtes se déroulent de 2017 à 2018, il y a beaucoup de marché à exploiter et de multiples types de services à mettre en œuvre. La seule procédure supplémentaire consiste à convaincre les constructeurs d'utiliser des drones, ainsi que les résultats de la surveillance et les coûts qu'ils peuvent économiser. Mais les technologies et les procédures d'inspection détaillées ne doivent jamais être divulguées, car les sociétés intermédiaires pourraient ne pas en tirer profit.

"On fait valoir que la sécurité d'un projet peut être améliorée si ces règles de sécurité sont établies dans la phase de conception et effectivement mises en œuvre dans la phase de construction". (Alizadehsalehi et al., 2018, p.10) Cette possibilité permet d'identifier des scénarios de risque et de simplifier les processus de surveillance de certaines zones. "IDEF0" est un acronyme pour ICAM défini pour la modélisation des fonctions, où "ICAM" signifie "Integrated Computer Aided Manufacturing" (fabrication intégrée assistée par ordinateur). L'IDEF0 est une méthodologie qui peut décrire les fonctions de fabrication comme des pratiques de sécurité, et qui permet le développement, l'analyse et l'intégration de systèmes tels que le BIM et les drones. Les modèles expérimentaux existants représentent déjà un concept de gestion de la sécurité pour les chantiers de construction". (Alizadehsalehi et al., 2018, p.10-11) L'UAV pourrait déjà spécifier quand une alarme doit être activée sur les casques des travailleurs à risque en intégrant les normes de sécurité au travail dans son ordinateur. Le plus souvent, les opérateurs avertis arrêtent toute action en déclenchant l'alarme sur leur casque et sont ensuite avertis par la visière du casque. Ce mécanisme peut être incorporé dans les machines permettant au drone ainsi qu'au responsable de la sécurité d'être aux commandes en cas d'alarme. En général, l'objectif est de faire de l'homme et de la machine une force de travail collaborative. On attend beaucoup de la mécanisation de l'homme et de l'intelligence artificielle pour atteindre une performance supérieure. Bien que de nombreuses tâches existantes seront effectuées par des robots à l'avenir, le drone continuera à dominer en tant que contrôleur de sécurité en raison de sa large gamme de vision et de surveillance.

"Il faut d'abord un modèle 3D de la structure et un calendrier de travail pour créer un modèle 4D basé sur le BIM. Ce modèle BIM sera développé en tenant compte des normes de l'OSHA et de l'expérience antérieure de l'ingénieur en sécurité. Tout ce que la technologie du drone permet de recueillir des données de sécurité pendant la phase de construction est transféré à l'ingénieur de sécurité pour une évaluation et une analyse plus poussées des risques de sécurité du projet. (Alizadehsalehi et al, 2018, p.11) De la même manière, le format BIM d'un algorithme d'apprentissage continu peut être configuré à la fois dans le système général et dans l'ordinateur du drone pour prendre des décisions optimales le plus rapidement possible en éliminant les fausses alarmes.

Il existe des contextes de construction particulièrement risqués pour les ponts et les tunnels. Dans ces situations, des capteurs spéciaux sont nécessaires pour quantifier les paramètres géométriques et structurels de la construction. En particulier, les drones nécessitent un autre système de navigation et de contrôle de vol, car le GPS seul ne peut pas pénétrer les roches terrestres. "Les APR sont censées fonctionner dans des environnements sans GPS, comme les tunnels ou à proximité de structures métalliques lourdes, comme les ponts. Pour éviter les conséquences négatives liées à la perte de la position RPA, l'utilisation de systèmes alternatifs de positionnement local tels que la bande ultra-large (UWB) en conjonction avec le GPS est nécessaire. L'installation d'un module UWB dans la RPA permet à l'avion d'envoyer activement des données de localisation à des récepteurs UWB fixes à certaines positions, ce qui permet de surmonter les limites de l'utilisation du GPS telles que les lignes de vue bloquées, les pannes en intérieur, en forêt ou en milieu urbain. (Golizadeh et al., 2019, p.14) En dehors de ce système, des éléments d'éclairage et de surveillance des débris de fouille seraient intégrés. Il est essentiel de tenir les opérateurs informés des conditions géographiques à tout moment afin de prévenir toute situation imprévue.

"Les travailleurs peuvent utiliser des capteurs de proximité et l'Internet des objets (IoT) pour une navigation autonome des ARP autour des chantiers. Les systèmes de localisation en temps réel (RTLS) peuvent détecter l'emplacement des travailleurs, des usines et des équipements en dehors des routes et produire des alertes en cas de proximité dangereuse". (Golizadeh et autres, 2019, p.15) Dans ce cas, l'UAV devrait être plus grand pour incorporer un système thermique pour la détection des êtres vivants, un LIDAR pour la localisation des débris et des réseaux neuronaux profonds pour déterminer les distances d'approche correctes en temps réel. Dans le cas d'une utilisation dans la construction de ponts ou de barrages, le drone doit transporter des capteurs pour mesurer l'atmosphère et le débit. Dans les cas où le drone doit effectuer plusieurs tâches en même temps, un ordinateur doit être incorporé au drone qui agira comme centre de commande. Le succès de l'activité des drones est de proposer de multiples services pour tous les contextes d'opérations civiles existants et futurs. Par la suite, le drone doit être automatisé avec le format BIM, ce qui étend son utilisation aux casques ou autres vêtements à affichage intelligent.

3.4.- Gestion de la qualité.

Contrôler le bon processus de construction et ses résultats est actuellement un acte complexe et difficile à réaliser. En même temps, c'est l'un des facteurs qui donnent à une entreprise de construction une plus grande crédibilité aux yeux de ses clients. "La gestion de la qualité pendant le processus de construction a également fait l'objet d'une attention considérable. En particulier, les défauts de construction sont la principale cause de la faible productivité des projets, des retards, des coûts supplémentaires et de la nécessité de recourir à des matériaux et à des travailleurs supplémentaires pour remédier aux défauts. Par conséquent, l'identification efficace des défauts dès le début du processus de construction est essentielle au contrôle de la qualité. (Li et Liu, 2018, p.5) Cela nécessite des technologies capables de mesurer ce qui a été construit et de le comparer avec les conceptions théoriques. Mais les mesures de construction sont une tâche dangereuse et compliquée, c'est pourquoi des appareils de reconnaissance aérienne sont nécessaires. "Aujourd'hui, les drones non militaires ont rendu les données cartographiques 3D de haute qualité beaucoup plus accessibles. Par conséquent, les technologies de drones permettent une meilleure gestion et une prise de décision plus rapide et plus éclairée, et fournissent des documents d'archives précis et à haute résolution pour de multiples sites. (Li et Liu, 2018, p.1) Ce type de surveillance est plus efficace sur les grands chantiers car il peut tirer parti d'une plus grande zone de couverture par seconde de vol, ajoutant ainsi un second facteur de monétisation à une partie du temps d'exploitation. De même, un autre facteur est le nombre de types de capteurs à incorporer dans l'avion car c'est une variable qui est directement proportionnelle à la dépense de la batterie.

Pour surveiller toutes les variables existantes dans une construction civile, des programmes spécialisés ont été développés qui peuvent être complétés par des informations provenant de multiples capteurs ou d'analyseurs externes. "La modélisation des informations sur les bâtiments (BIM) peut également fournir des solutions intelligentes pour la réalisation efficace de projets. Les technologies des drones sont capables de réduire les interférences humaines et d'améliorer l'efficacité du suivi et du contrôle de la qualité des projets de construction liés au BIM. Certains experts ont estimé que les approches précédentes du contrôle de la qualité sur les chantiers de construction n'aidaient pas les responsables de la qualité à identifier et à gérer facilement les défauts. Un système intégré BIM et LIDAR pour le contrôle de la qualité de la construction a été présenté. L'approche BIM-LIDAR est basée sur un système de surveillance en temps réel basé sur le LIDAR, un système de vérification en temps réel basé sur le BIM, un système de contrôle de la qualité, un système de transformation des coordonnées des nuages de points et un système de traitement des données. Afin d'aider les responsables de la qualité dans l'évaluation et le contrôle de la qualité, un module de transformation de vol de drone a été utilisé pour transformer des paramètres prédéfinis de la trajectoire de vol en un système de contrôle de la trajectoire de vol du drone. Ainsi, le drone multirotor dans la scène réelle a obtenu une trajectoire de vol ainsi qu'une trajectoire de vol prédéfinie dans l'environnement virtuel. Le BIM s'est également révélé être une plate-forme de visualisation et un modèle d'évaluation des performances efficaces dans la gestion de la qualité des tests. L'étude de cas a montré une amélioration des inspections de qualité, qui prennent beaucoup de temps. (Li et Liu, 2018, p.5) Cette méthode peut être améliorée par un système de transmission vidéo qui peut notifier aux opérateurs toute défaillance géométrique importante sur le site et la meilleure méthode de correction. Sur les petits chantiers de construction, il n'y a pas de place pour installer un centre d'information générale pour les travailleurs, c'est pourquoi le drone peut servir de projecteur ou d'émetteur d'hologrammes. Cela permettrait de gagner du temps en organisant un briefing où tout le monde est présent. Le drone doit être une ressource pour faciliter le processus de construction directement ou indirectement, améliorer la productivité et réduire les coûts du projet autant que possible. Une partie de ce pourcentage correspondra à la rémunération du service des drones.

"Les UAS équipés de GPS suivent automatiquement une trajectoire de vol préplanifiée et contrôlée par GPS. À l'aide de systèmes photographiques capables de fournir des images à haute résolution, les photos superposées prises par l'UAS sont rassemblées en une mosaïque qui est ensuite transformée en modèles de surface 3D à haute résolution pouvant être utilisés pour la cartographie topographique, les calculs volumétriques ou les représentations tridimensionnelles des sites de travail. Les HES équipées d'imagerie thermique peuvent être utilisées pour découvrir des fuites d'énergie en effectuant des études sur l'enveloppe des bâtiments". (Tatum et Liu, 2017, p.169) Ces comparaisons géométriques peuvent largement remplacer ou compléter les rapports d'avancement des projets. Les images thermiques et hyperspectrales peuvent contenir des informations sur la stabilité structurelle de la construction.

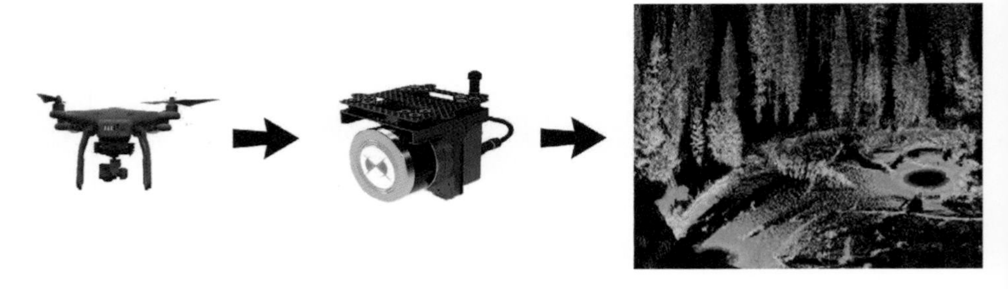

Figure 8 : Système d'affichage du contexte utilisant le LIDAR.

“On utilise également la photogrammétrie, qui convertit des images bidimensionnelles en modèles tridimensionnels en utilisant la triangulation avec des photographies de haute qualité. En combinant la photogrammétrie avec la technologie LIDAR (LIght Detection And Ranging), les photos capturées par l'UAS permettent la production de modèles de construction en 3D, de cartes de contour, de levés volumétriques et de divers autres produits”. (Tatum et Liu, 2017, p.169) De la même manière, les coûts de construction peuvent être suivis en incorporant un algorithme de coûts de matériaux et de main d'œuvre, ce qui nous permet d'obtenir une preuve supplémentaire aux registres comptables et d'informer chaque jour sur les éventuels dépassements de coûts des travaux. Il est évident que le drone intégrerait des mécanismes d'identification des matériaux tels que la RFID ou l'identification par image hyperspectrale. Toutes ces possibilités de service peuvent être cumulatives et nécessitent nécessairement le système BIM ou un nouveau logiciel de contrôle.

3.5.- Gestion du temps.

Le temps est la grande variable universelle qui est devenue la principale source de monétisation dans toutes les industries. Cela vaut surtout pour le secteur de la construction civile. Un délai d'exécution plus court est toujours plus influent dans les concours d'offres, dans le cas des sociétés immobilières, il permet un plus grand degré d'expansion face aux concurrents. Les drones peuvent offrir cette polyvalence et ce contrôle au fil du temps en simplifiant les processus ou en corrigeant les erreurs éventuelles qui peuvent exister. "L'approche traditionnelle du suivi des projets de construction implique une exécution stricte du plan sans possibilité de changements de dernière minute. Dans cette approche, la disponibilité de données précises en temps réel (montrant l'avancement de la construction) est très limitée. D'autre part, un système de surveillance intelligent est basé sur des données organisées en temps réel qui sont collectées à l'aide de divers outils avancés, par exemple des capteurs montés sur des drones ou des UAV (caméra photo/vidéo, caméra thermographique et capteurs IR, etc.) Les données sont ensuite analysées à l'aide d'un logiciel avancé qui permet d'améliorer les opérations, la planification et les ajustements. Le modèle de drone 3D peut être utilisé pour fournir des informations importantes sur le processus de construction et peut servir d'outil précieux pour la prise de décision de gestion ou le contrôle des coûts. Par exemple, il est très important de contrôler la quantité de matériaux qui entrent et sortent du site de construction. Une comparaison volumétrique entre le modèle BIM et les modèles de drones peut être effectuée à différents stades du projet pour suivre la quantité de matériel. Les données du drone peuvent également être utilisées pour évaluer la qualité du béton coulé et la précision dimensionnelle des éléments structurels. (Anwar, Amir et Ahmed, 2018, p.3) Avec cela, la technologie des drones appliquée à la construction acquiert la caractéristique inégalée de la multifonctionnalité et de la polyvalence, qui est inégalée par rapport au personnel humain pour le contrôle et la surveillance du processus de construction.

"En plus de la gestion de la sécurité et des inspections de qualité, la gestion du temps peut également être améliorée grâce aux technologies BIM-drone dans les projets de construction. Les modèles BIM 3D peuvent être améliorés en les reliant aux informations sur le calendrier (4D), le coût (5D) et le cycle de vie du projet (6D). Les modèles BIM nD ont été appliqués dans le domaine du suivi des progrès de la construction en présentant des données multidimensionnelles. Les drones multirotor ont pour but de collecter efficacement des dossiers et des informations sur la construction, même sur les chantiers intérieurs. Le BIM peut être mis à jour pour estimer si les événements étudiés entraîneront des retards et s'il pourrait y avoir d'autres effets sur le déroulement normal. (Li et Liu, 2018, p.5) La mise à jour automatique de l'état d'avancement des projets est essentielle pour corriger les lacunes en temps utile et mettre en œuvre les améliorations des processus. Des délais de construction beaucoup plus courts peuvent être obtenus à moindre coût.

"Sur un grand chantier de construction, des centaines d'ouvriers et de pièces de machines sont généralement coordonnés pour mettre en œuvre les activités de construction dans un espace limité. Les caractéristiques de la construction avec ses dynamiques et ses complications exigent une surveillance continue du site. En utilisant la méthode habituelle, les responsables et les superviseurs de projets doivent marcher et inspecter de site en site, et du sol au plafond. Cette approche manuelle prend du temps et est inefficace. Le SAMU peut aider le personnel du site à surveiller efficacement toutes les phases des activités de construction, car cette technologie permet de surmonter les limites de l'accessibilité pour les personnes sur le site. Le projet du nouveau stade du centre-ville de Sacramento Kings, en Californie, a été suivi par UAS et un logiciel qui a automatiquement suivi la lente progression de la construction dans le temps. (Zhou, Irizarry et Lu, 2018, p.5) L'inspection visuelle humaine ne peut être comparée aux données numériques obtenues par les drones.

"La surveillance aérienne fournit des données pour la création d'objets en 3D et l'orthocarte photographique de la zone. Les données peuvent être continuellement mises à jour et stockées sous forme de carte en ligne pour une visualisation interactive des objets. Cela permet de mieux contrôler l'avancement des travaux et de fournir aux investisseurs et aux clients les informations visuelles les plus récentes. Cela permet également aux organismes gouvernementaux de détecter les constructions illégales et de les équiper. (Anwar, Amir et Ahmed, 2018, p.3) Les données numériques et la numérisation du progrès peuvent être un excellent argument de vente pour les investisseurs et les clients. Il peut également servir de matériel d'apprentissage pour les ingénieurs et les gestionnaires résidents.

"Les données visuelles capturées, telles que les photos et les vidéos, pourraient être importées dans un logiciel de photogrammétrie, tel que Pix4D, pour générer des modèles de nuages de points 3D avec calibration des positions, orientations et spécifications de l'appareil photo. Les modèles de nuages de points tels que construits peuvent être superposés manuellement aux modèles

BIM sur une plateforme BIM nD afin de comparer les modèles planifiés et conformes à la construction. Le système est capable de détecter les écarts de progression et de fournir une analyse des performances. Enfin, le calendrier peut être mis à jour et des informations critiques sur le calendrier, telles que les situations actuelles, les données d'achèvement prévues et les activités critiques, peuvent être produites. Le suivi de l'avancement du projet et la détection des objets temporels peuvent également être réalisés grâce à des nuages de points photogrammétriques de données capturées par des drones. Contrairement aux procédures manuelles, la technologie intégrée de la BIM, du SAMU et des données en nuage en temps réel permet un contrôle, une surveillance et une inspection rapides des projets en temps réel en comparant les informations prévues et l'état d'avancement des projets de construction. (Li et Liu, 2018, p.6) Tout d'abord, le modèle 3D-BIM et le calendrier du projet sont intégrés dans la conception théorique, ce qui donne le modèle BIM tel que prévu. D'autre part, la conception proprement dite est gérée avec le drone par la collecte de données. Avec les informations enregistrées, un modèle de nuage de points construit est créé qui exprime les caractéristiques de la construction réelle. Ensuite, la comparaison entre le modèle réel et le modèle BIM prévu est effectuée, ce qui permet de détecter les écarts de progression et de procéder à une analyse de performance ultérieure. Grâce à ces informations, il est possible de planifier la mise à jour de la construction et d'obtenir les informations essentielles du calendrier.

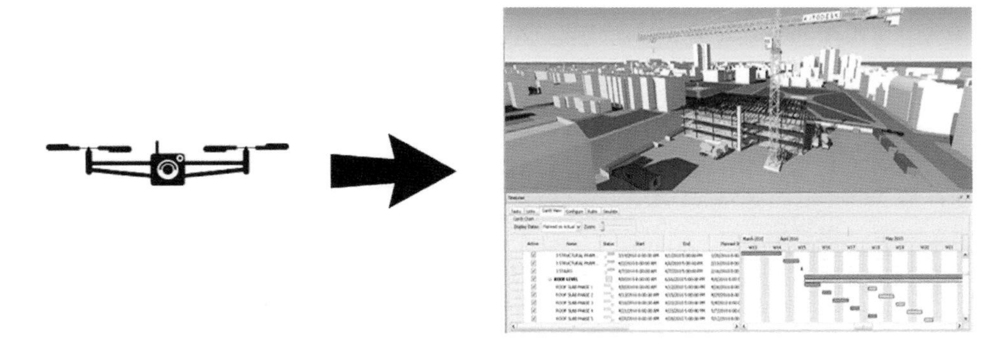

Figure 9 : Système de visualisation multidimensionnelle BIM du projet obtenu au moyen d'un drone.

"Ces plates-formes examinent fréquemment les sites de construction, surveillent les travaux en cours, créent des documents de sécurité et inspectent les structures existantes et évaluent le risque sismique, en particulier pour les zones difficiles d'accès à l'aide des outils traditionnels de génie civil. (...) Il est suggéré par l'Associated General Contractors of America (ACG) que les drones peuvent documenter l'avancement des projets, fournissant un enregistrement visuel capable de réduire les litiges ultérieurs entre les entrepreneurs et les propriétaires fonciers ; à terme, il peut également être utilisé pour transporter des outils et du matériel d'un site à l'autre. Les drones ont la capacité de couvrir une large zone, ainsi que de collecter des images en temps réel. Les données peuvent être saisies à partir de plusieurs endroits sur un chantier de construction. En utilisant des images et des vidéos en temps réel, les responsables de la construction peuvent créer un lien entre les phases de pré-construction et de construction. (Dastgheibifard et Asnafi, 2018, p.45-47) De la même manière, un équilibre peut être atteint entre les processus théoriques assignés et le processus de construction réel.

"La littérature indique que l'utilisation du BIM reste très limitée après la phase de pré-construction. Il souligne également la grande difficulté de créer des mesures qui quantifient la valeur ajoutée d'un 4D-BIM en phase de construction". (Dupont et al., 2017, p.169) Malheureusement les services que le drone peut fournir ne sont rien sans l'existence d'un processeur et l'affichage des résultats, ce type de programme doit être compatible avec la terminologie et les connaissances des utilisateurs du drone et du personnel de la construction civile.

"Un modèle BIM dynamique est créé en ajoutant des informations de sécurité mises à jour en temps utile avec un modèle BIM dans un environnement web. La navigation synchrone de la vidéo de l'UAV et du BIM dynamique se fait en faisant correspondre les paramètres de la caméra virtuelle avec ceux de la caméra réelle. La méthode proposée permet aux gestionnaires externes de visionner la vidéo d'inspection et de procéder à des évaluations de sécurité complètes et opportunes avec le soutien du BIM dynamique. (Elghaish et al., 2020, p.7) Dans les constructions de nuit, il serait nécessaire d'obtenir des données par LIDAR ou imagerie hyperspectrale. Afin de synthétiser l'information pour les clients ou le personnel humain mal formé, il est nécessaire de mettre en œuvre d'autres technologies de visualisation telles que la réalité augmentée (RA). "D'autres études ont porté sur la gestion des défauts et ont développé des outils d'inspection pour contrôler la qualité de la construction. En 2014 déjà, un système a été développé qui combinait les technologies BIM, de correspondance d'images et de RA pour améliorer la gestion des défauts de construction et assurer une gestion efficace de la qualité". (Elghaish et al., 2020, p.10)

"L'utilisation efficace des drones pour les projets de construction civile au Nigeria a été un succès, car les données recueillies par les drones ont pu être utilisées pour analyser et évaluer les activités de construction en cours, comme la planification des mouvements du site et le suivi des matériaux sur place, et ont pu être stockées pour référence future. L'utilisation de drones permettra de réduire le taux d'effondrement des bâtiments, le gaspillage de matériaux, le manque de surveillance et les conditions de travail dangereuses. La satisfaction au travail s'améliorera parce que le client sera impliqué dans la prise de décision à partir de n'importe quel endroit pendant toute la durée du projet. Lors de nombreux examens préliminaires de ce système pendant les travaux de construction, les transmissions vidéo/images ont montré des conditions dangereuses sur le site et celles-ci ont été communiquées à l'équipe/aux ouvriers de construction, et les conditions dangereuses ont été évitées. (Patrick, Nnadi et Ajaelu, 2020, p.45) Malheureusement, un autre mécanisme d'inspection de l'intérieur est nécessaire en tant que capteurs de proximité pour éviter les collisions.

La prochaine application des drones pour gagner du temps d'exécution est l'analyse des interruptions et des distracteurs. Il existe aujourd'hui de nombreux types de distracteurs qui entravent le déroulement du travail et peuvent être à l'origine d'innombrables accidents. Ces distracteurs peuvent aller d'un simple soupir à la contamination auditive du contexte ou des situations personnelles des travailleurs. Il s'agit d'un paramètre inévitable mais possible à quantifier et à réduire. "Bien entendu, l'objectif ultime des professionnels du secteur de la construction serait d'éviter les litiges. Toutefois, si nous voulons éviter les litiges, nous devons chercher à les prévoir, en prenant les mesures nécessaires pour éviter les retards. Par conséquent, la tenue de registres et la gestion efficace d'un programme de projet de construction seraient des éléments essentiels de prévision et de prévention des conflits pour que le projet soit couronné de succès". (Vacanas et al., 2015, p.2) Les conflits du travail sont principalement causés par une mauvaise communication de la situation sur le site de construction. Cette situation peut être résolue par une méthode de visualisation générale du plan projeté en BIM, un casque ou une horloge de projecteur serait la meilleure solution, l'idée gagnante serait d'impliquer de nombreux nouveaux dispositifs qui fonctionnent en conjonction avec le drone. Si la programmation de l'avancement d'un projet est médiocre dans le format BIM et qu'il n'y a pas de tenue de registre satisfaisante, il est plus probable que le projet ne sera pas terminé à temps.

"La technologie BIM peut être utilisée pour illustrer les informations relatives à la construction d'un projet en 3D et permettre à toutes les parties concernées d'apprécier l'avancement réel des travaux et d'identifier les causes possibles de retard. (...) En fait, un modèle BIM analysé dans le temps (4D) peut agir comme un jeton parce qu'il constitue une source d'information importante et volumineuse". (Vacanas et al., 2015, p.6) Pour intégrer efficacement ce système, une base de données des performances approximatives du personnel humain doit être intégrée et incorporée dans le système de traitement BIM et UAV. Plusieurs appareils peuvent rapidement recueillir des informations géométriques sur la progression horaire et les comparer avec le modèle théorique. Cette comparaison permet d'établir des créneaux horaires de production plus ou moins élevés et donc, après des rapports supplémentaires, de déterminer quels agents ont causé le retard.

"La méthode traditionnelle pour procéder aux événements d'interruption de site consistait à calculer la durée du retard en utilisant l'une des méthodes d'analyse théorique des retards (planifié vs. exécuté, construit vs. impact temporel). Dans le cas où l'interruption n'entraîne pas de retard dans le travail, la productivité du travail a été comparée avec et sans l'événement d'interruption. En considérant toujours que l'exécution du travail sans obstacles représente le modèle théorique.

Les méthodes modernes, notamment le BIM et le système de drones, permettent d'interpréter les entraves sur le site où il y a des retards en utilisant les données fournies par les drones. Le format BIM peut ensuite les classer pour détailler automatiquement la comparaison entre les exécutions réelles et théoriques du travail dans une animation. (Vacanas et al., 2015, p.8) Toutes ces données doivent être traitées en temps réel pour déterminer le degré de retard du travail et pour déterminer spécifiquement les distracteurs. Sur la base des résultats, les responsables de site et les ressources humaines peuvent gérer des stratégies d'efficacité du travail, en avertissant les éventuels récidivistes et en assurant une formation continue. Cette stratégie permet d'identifier les agents ayant le taux de productivité le plus élevé et de les placer à des postes à haute responsabilité. À long terme, le taux de productivité de l'ensemble du personnel peut être amélioré, mais de nombreux facteurs tels que les questions personnelles ne seront pas contrôlés. Nous voyons ici que les drones sont un outil d'amélioration continue et d'optimisation globale du chantier.

L'autre stratégie utile pour réduire le temps d'exécution des travaux est la polyvalence et la multifonctionnalité. L'exécution efficace de plusieurs tâches en même temps augmente la productivité et réduit les coûts. Ce type de tâche est difficile à exécuter par le personnel humain, mais si elle est applicable aux machines, les drones en sont un bon exemple. "Des études ont été faites sur les multiples fonctions qu'un drone peut remplir en même temps, de la même manière que des conceptions spéciales de drones ont été développées pour des tâches polyvalentes dans l'industrie de la construction. Un exemple est un drone construit comme un hexacoptère équipé de systèmes matériels et logiciels qui permettent une utilisation polyvalente sur les sites de construction ainsi que sur les sites des installations existantes. L'avion développé était équipé d'un système de stabilisation spécialement conçu pour obtenir des photos ou des vidéos de haute qualité. Plusieurs applications réelles du drone sur le terrain ont permis de démontrer ses avantages pour la pratique de la construction. Une autre conclusion importante est que le drone peut être adapté à un usage polyvalent, mais il est essentiel de tenir compte de la nécessité de ses adaptations. Par exemple, lors de l'application de différentes chambres, il est nécessaire de recalibrer le système de stabilisation pour une nouvelle répartition du poids et de la charge. (Cajzek et Klansek, 2016, p.325) Il est clair que le poids des multiples capteurs et caméras, ajouté aux processeurs internes du drone, rendra ses dimensions beaucoup plus grandes que celles des drones conventionnels comme le DJI Mavic 2. Par conséquent, des drones à voilure fixe avec des capacités de décollage et d'atterrissage VTOL vertical devraient être utilisés pour fournir de l'espace pour les supports ventraux et les ailes où les différents capteurs sont équipés. Afin d'éviter les problèmes d'envergure des ailes lors de l'inspection de zones étroites, des conceptions de style aile volante appelées jonction aile-fuselage (BWB) sont proposées. Avec ces nouvelles conceptions, l'objectif est que le fuselage contribue à la génération d'une force de levage sans nuire aux stratégies de réduction de la résistance. Nous n'avons donc pas besoin de grandes ailes pour transporter la charge utile, nous disposerons également d'un grand espace pour équiper les batteries, la mémoire, le pilote automatique, les processeurs et la charge utile à l'intérieur et l'étendre aux supports ventraux externes.

Figure 10 : Concept d'aile de boîte.

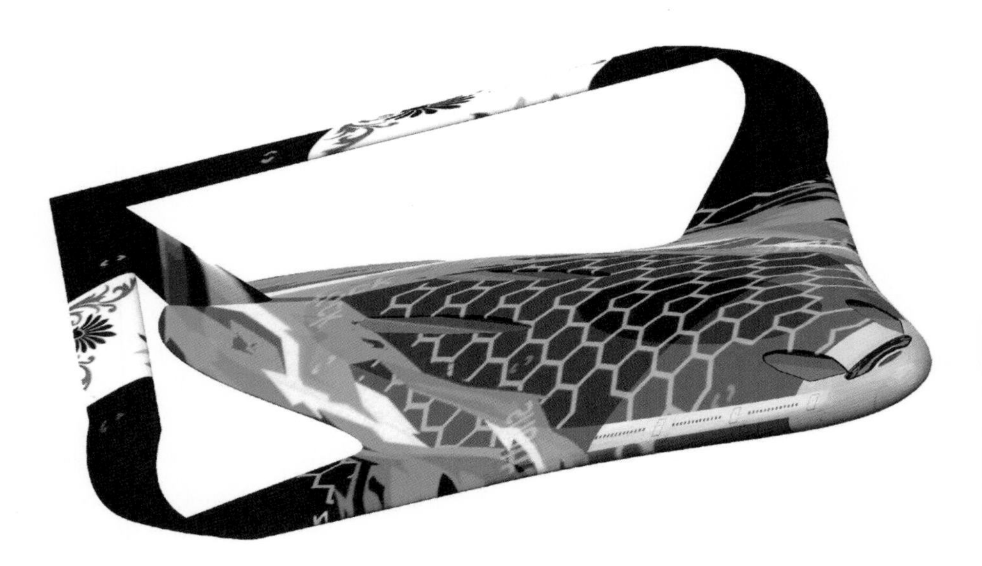

Figure 11 : Modèle d'avion BWB dans lequel les ailes en caisson sont également incluses.

D'autres concepts avancés de conception de drones polyvalents sont le double fuselage ou Twin Fuselage. Avec cette conception, on obtient deux fuselages reliés par une aile centrale, l'aile centrale et les fuselages sont ceux qui fournissent la plus grande subsistance tandis que les ailes secondaires qui sortent des fuselages servent principalement de contrôleurs de stabilité de vol. À l'extrémité de chaque fuselage, une caméra ou un tambour rotatif multichambres peut être incorporé, l'espace supplémentaire dans le fuselage incorporerait le reste de la charge utile et dans l'espace de la section centrale, les batteries et le pilote automatique seraient transportés. De nouveaux concepts de plus en plus intéressants apparaissent, comme l'aile caissonnée, qui consiste à réarranger l'aile de manière à ce qu'elle soit rattachée au fuselage dans la zone des stabilisateurs horizontaux. Au total, nous obtiendrons une conception qui comprendra deux ailes principales, deux ailes articulées et deux ailes secondaires. Les ailes principales seraient chargées de générer la portance principale, les winglets permettraient de réduire la résistance induite ainsi que la stabilité directionnelle et latérale, et les ailes secondaires contribueraient dans une moindre mesure à la portance et participeraient à la stabilité de l'avion.

Figure 12 : Modèle d'avion à double fuselage.

Un autre aspect important dans le succès des drones polyvalents est la bonne gestion de l'information. Tout le personnel doit pouvoir visualiser en temps réel les résultats obtenus par le drone afin de synchroniser les priorités et les stratégies de dernière minute. "De nombreux systèmes expérimentaux ont été réalisés où de multiples véhicules hétérogènes sont reliés entre eux et contrôlés et coordonnés à travers le cyberespace pour réaliser une opération logistique complexe dans le cadre de missions humanitaires automatisées. D'autres auteurs proposent une architecture efficace d'une plateforme de sécurité publique intelligente qui intègre des composants hétérogènes tels que le système intelligent de collecte et d'analyse des données, le système de communication, le WSN et les réseaux sociaux dans les drones et les UGV". (Erdelj et Natalizio, 2016, p.2) La recherche de l'avion multifonctionnel accessible à tous par tous les temps est l'objectif technologique ultime des grandes entreprises de construction de drones. De la même manière, une présentation pratique et synthétique des résultats permettrait d'économiser du temps et de l'argent dans l'interprétation des résultats. La transmission d'informations dans toutes les conditions à travers les réseaux 5G est une autre source de succès pour les drones, il est nécessaire que tout le personnel et les dispositifs autonomes soient capables de visualiser les résultats présentés par le drone. La liaison entre le drone et l'UGV est une autre source d'avantages dans la gestion du temps, tout le personnel doit pouvoir savoir quand le drone ordonne à l'UGV d'effectuer une action spécifique selon les plans de construction. De la même manière, nous devons également écouter les solutions ou suggestions possibles que le drone offre face à certains événements imprévus. Dans ce domaine, l'intelligence artificielle et une variante avancée de la BIM au sein du processeur du drone agiraient. Ce serait un premier pas vers l'automatisation des projets de construction.

3.5.1 - Photogrammétrie

Tout d'abord, nous devons comprendre que la photogrammétrie est une méthode de gestion du temps dans le processus de construction dans laquelle les cartes et les plans du terrain du contexte de construction doivent être obtenus au moyen de la photographie aérienne. Les photographies aériennes sont prises par un drone en vol à altitude constante, l'union de toutes les photos formera une orthophoto générale et une grille tridimensionnelle. "Les progrès technologiques dans la conception et la navigation des drones autonomes et des drones légers peuvent être utilisés de manière efficace et dynamique pour aboutir à des opérations plus pratiques et plus rentables dans les domaines de la gestion et de la supervision de la construction. Dans l'approche présentée, les données en termes d'images de drones provenant de plusieurs endroits et de nuages de points (provenant du balayage 3D du site de construction) peuvent être utilisées pour construire des modèles 3D à l'aide de techniques de photogrammétrie. Ces modèles de drones peuvent être comparés avec le modèle BIM à différents stades de la construction afin de suivre l'avancement des travaux. En plus de la planification et du coût de la construction, cette comparaison peut être étendue pour inclure les registres, les rapports, la facturation, la vérification et la planification en temps réel. En prenant l'exemple d'un projet de construction d'une étude de cas, l'utilisation efficace des données des drones est démontrée en termes de surveillance intelligente de la construction et de comparaisons entre le modèle de drone et le modèle BIM. Il montre que ce système entièrement automatisé peut réduire considérablement l'effort requis dans les procédures traditionnelles de surveillance et de rapport sur la construction. (Anwar, Amir et Ahmed, 2018, p.8)

"L'arpentage est un élément fondamental de tout projet d'aménagement du territoire et une procédure clé au début du processus de construction. Les techniques traditionnelles d'arpentage nécessitent de gros outils tels que des trépieds, des stations totales et du matériel SPG. Les drones multirotors équipés de caméras, de pilotes automatiques et de logiciels de traitement d'images peuvent être utilisés pour effectuer des levés et des cartographies dans le cadre de projets de construction, afin d'obtenir des levés de terrain plus rapides et moins coûteux. Grâce à des techniques précises de photogrammétrie aérienne, de grandes surfaces (2D et 3D) peuvent être mesurées avec une précision centimétrique. Cela peut être réalisé rapidement, à moindre coût et en perturbant le moins possible le travail quotidien sur le site. (Li et Liu, 2018, p.3) En outre,

ce système est plus polyvalent que les formats d'imagerie classiques, qui utilisent des photographies prises à partir d'avions ou d'images satellites. Dans les orthophotos résultant de la photogrammétrie, il est nécessaire de pouvoir calculer des mesures, des hauteurs et des coordonnées. Ce processus est généralement réalisé dans des logiciels spécialisés de génie civil tels que AUTODESK CIVIL 3D ou BIM.

La photogrammétrie est le service le plus utilisé par les drones car elle ne nécessite qu'un appareil photo implémenté dans le drone. La quasi-totalité des quatre drones moteurs peuvent exécuter cette action correctement. Dans un exemple, "l'équipement utilisé était un quadriporteur équipé d'un appareil photo numérique et d'un GPS qui permet l'enregistrement d'images géoréférencées. Les logiciels Pix4D Mapper et PhotoScan ont été utilisés pour générer les modèles 3D. L'étude a cherché à examiner trois constructions principales liées à la cartographie 3D développée : la facilité de développement, la qualité des modèles en fonction de l'utilisation proposée, l'utilité et les limites de la cartographie à des fins de gestion de la construction". (Sampaio, Bastos et Rodrigues, 2018, p.1) Premièrement, la facilité de développement est plus simple que les systèmes de balayage traditionnels. Transporter des stations totales vers de multiples points de référence dans une vaste zone cartographique est contre-productif pour l'exécution du travail en temps voulu. Au lieu de cela, l'UAV est capable de couvrir des dizaines d'hectares à chaque vol et les résultats tridimensionnels sont traités en quelques minutes ou quelques heures. L'aspect suivant est la qualité des photographies ou des scans, à cet égard la station totale prévaut sur les images satellites, mais elles enregistrent une qualité presque identique à celle obtenue par le drone. Mais compte tenu de l'ouverture de caméras HD 4K de meilleure qualité pour les drones et des options de traitement avancées dans le logiciel Agisoft Photoscan/Pix4D, on pense que les caractéristiques des résultats par drone seront plus élevées que celles obtenues par station totale.

"La figure montre l'idée de base de la conversion des données du drone en un modèle 3D qui peut être utilisé en routine pour surveiller le processus de construction au cours du projet. Le processus de création du modèle 3D d'un objet à partir des images est appelé reconstruction 3D. Ce procédé permet de saisir la forme et l'apparence en 3D des objets réels. Plusieurs logiciels disponibles sont capables d'extraire automatiquement des milliers de points communs entre les images. Pour créer un modèle 3D d'une surface plane, des images sont généralement suffisantes. Cependant, pour construire un modèle

3D d'une structure, par exemple un bâtiment en construction, les images aériennes ne sont pas suffisamment capables de capturer les détails des côtés du bâtiment. C'est pourquoi il est recommandé d'effectuer des vols orbitaux autour de la structure qui capturent des images obliques afin d'améliorer la qualité du modèle 3D. (Anwar, Amir et Ahmed, 2018, p.4-5) "En 2016, il a développé une approche hybride de vision de nuage de points pour suivre les informations de localisation en 3D des actifs de construction mobiles. Une série d'images aériennes en 2D ont été capturées par des technologies basées sur les drones et traitées par un algorithme structure-mouvement. En tant que technique émergente, la photogrammétrie de structure basée sur le mouvement est capable de calculer automatiquement les orientations des caméras et les géométries des scènes, et de fournir des résultats en utilisant un nuage de points dense avec de nombreux points de coordination 3D et des données colorées. (Li et Liu, 2018, p.4) Fondamentalement, l'objectif est d'extraire les caractéristiques géométriques de la construction, afin de pouvoir calculer les contraintes structurelles et les compositions internes du matériau. Ensuite, l'objectif est de comparer les progrès pratiques réels avec la conception théorique et de savoir quels sont les changements positifs et négatifs. Sur la base de ces comparaisons, il est possible de créer une bibliothèque de conception dans laquelle, par une action pratique, des variantes de conception spécifiques seraient obtenues pour répondre à une exigence de la construction. Il est connu que les facteurs géographiques et climatiques déterminent le succès d'une conception de construction, de plus une construction n'est jamais exactement la même que la conception théorique. Grâce à ce système de suivi, nous obtiendrons une conception spécifique pour un certain contexte, ce qui permettra de réduire les délais de planification des travaux lorsque nous disposerons d'informations sur une construction similaire.

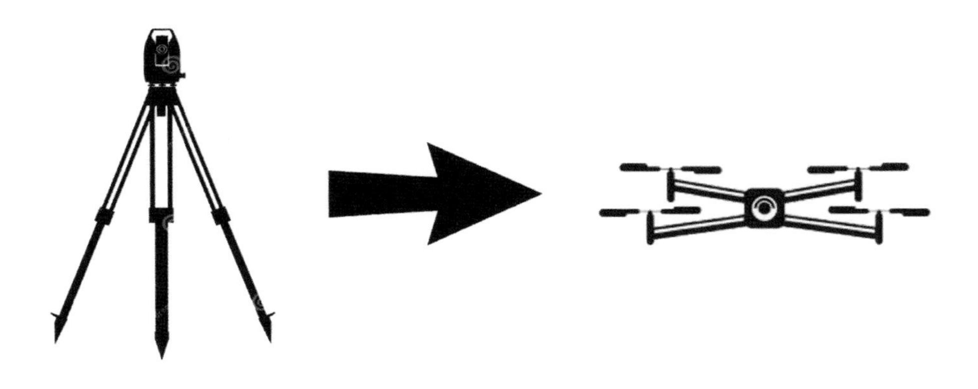

Figure 13 : Représentation de la transition de la technique de relevé photogrammétrique de la station totale au drone.

Par exemple, la construction d'un immeuble d'appartements dans une ville de la forêt amazonienne est très différente du même bâtiment mais situé sur la côte, au bord de la mer. Tout d'abord, le sol de la jungle présente plus de 80% d'humidité et comprend de nombreux éléments naturels en décomposition, de plus le contexte climatique présente de multiples pluies annuelles suivies d'une humidité constante. Pour ce cas, il est nécessaire de disposer d'une bonne base solide composée de roches et de pierres de tranchée. Il est également nécessaire d'imperméabiliser les fondations ou d'incorporer des dalles de chambre à air, l'application de revêtements anti-humidité sur les murs de la construction est également vitale pour la conservation de la structure. D'autre part, la construction sur la côte présente un autre type d'attaque environnementale comme les vents et l'environnement salin.

Nous présentons un premier exemple d'application de la photogrammétrie dans le contrôle et la gestion du temps de la construction en obtenant des données photographiques pour la modélisation 3D de la construction. "L'approche de surveillance intelligente de la construction présentée a été appliquée à un projet de construction d'un immeuble d'habitation de plain-pied. Les activités de construction ont été surveillées en permanence à l'aide de drones. À différents stades de la construction, le drone a volé au moins quatre fois pour capturer diverses données avec différents réglages de hauteur et d'angle de caméra. Pour la première série de données, les images sont obtenues avec un angle de caméra de 0 degré et une hauteur d'environ 30 mètres au-dessus de la hauteur du bâtiment de l'étude de cas. Le deuxième ensemble de données est obtenu en faisant voler le drone à environ 20 mètres au-dessus de la hauteur du bâtiment avec un angle de caméra de 80 degrés. Pour la troisième série de données, le drone vole à nouveau à une hauteur de 30 mètres au-dessus du bâtiment à un angle de 45 degrés. L'ensemble de données final est obtenu en faisant voler le drone à une hauteur d'environ 50 mètres à un angle de 30 degrés. Après avoir terminé la photographie aérienne, les données recueillies ont été analysées pour construire les modèles 3D. Un logiciel appelé 3DF Zephyr est utilisé pour la reconstruction 3D. Une fois que le modèle 3D est généré, il est exporté au format .obj (Wavefront). Ces données sont importées dans REVIT et superposées aux modèles REVIT réels pour comparer les différentes dimensions des bâtiments. Grâce à cette superposition, diverses comparaisons ont été effectuées à différents stades du projet de construction. (Anwar, Amir

et Ahmed, 2018, p.5-6)

“Des évaluations de la précision de la technique présentée ont été faites et appliquées à cinq autres bâtiments de l’étude de cas et les résultats ont été comparés aux données réelles. Les dimensions des bâtiments de l’étude de cas ont été mesurées puis comparées aux modèles évalués par des drones 3D. Les modèles de drones 3D se sont avérés raisonnablement cohérents en termes de forme et de géométrie par rapport aux bâtiments réels. Cependant, dans certains cas, il peut y avoir certains types d’erreurs dues à la source des données, à leur qualité, à la hauteur de vol du drone, à l’angle de la caméra lors de la capture des images et aux méthodes de construction. L’erreur moyenne dans les mesures des points de contrôle pour cinq cas testés s’est avérée être inférieure à 0,12 mètre. (Anwar, Amir et Ahmed, 2018, p.8) Ce résultat peut être mis à l’échelle en intégrant des technologies telles que la réalité virtuelle ou la réalité augmentée, créant ainsi des stratégies d’innovation dans la conception structurelle ou l’architecture intérieure. En d’autres termes, il peut être un matériau précieux pour d’autres zones de construction de l’ouvrage et aussi un outil permettant de localiser les défauts pour l’étape suivante de l’inspection de la structure. Cette procédure est la numérisation de l’œuvre physique permet son automatisation avec laquelle des bénéfices seront obtenus en temps et en coût dans d’autres domaines déjà numérisés tels que la comptabilité, la logistique et la bureaucratie.

Un deuxième exemple présenté est l’utilisation des types de méthodes actuellement utilisées pour l’arpentage. L’objectif est de comprendre à quel point l’utilisation des drones est efficace pour cette tâche par rapport aux méthodes actuelles. “Dans un exemple de photogrammétrie, un UAS de type Phantom 2 Vision + équipé d’une caméra de 14MP a été utilisé, pesant environ 1,3 kg”. (Moser et al., 2016, p.4)

Une autre procédure de photogrammétrie est appliquée à l’enregistrement des routes et des voies “Un exemple est la comparaison photogrammétrique qui a été effectuée au rond-point de la rue Trpimirova à Osijek en Croatie, plus précisément aux bords des quatre branches du rond-point et sur l’île centrale, 50 points détaillés ont été marqués et déterminés par quatre méthodes : a) levé de la station totale, b) levé GPS RTK en utilisant deux récepteurs satellites TOPCON HIPER de type V, c) levé GPS CROPOS en utilisant un récepteur satellite TOPCON HIPER de type V et d) levé photogrammétrique UAS avec un niveau de vol de 60 mètres. Pour le traitement des images aériennes, un logiciel SIG quantique et quatre points de contrôle ont été utilisés”. (Moser

et al., 2016, p.4) Il convient de rappeler que la topographie par station totale utilise du matériel et du personnel sur le terrain et qu'elle est plus complexe et plus compliquée, en particulier dans les zones géographiques difficiles d'accès. Alors que la méthode GPS RTK est une méthode d'arpentage basée sur la navigation cinétique par satellite en temps réel. De la même manière, le GPS CROPOS est le système de positionnement croate.

"Les résultats de cette étude de terrain ont montré que les méthodes GPS RTK et GPS COPOS présentaient des écarts similaires par rapport aux résultats des stations totales considérées comme une référence. Toutefois, la méthode GPS RTK semble donner des résultats plus fiables en raison des valeurs continues des écarts pour tous les points mesurés. D'autre part, les résultats de la méthode UAS présentent les écarts les plus importants par rapport aux résultats des stations totales, ce qui fait de cette méthode la moins précise. Même s'il s'agit d'une perte importante de précision, il est possible d'utiliser le SAMU comme une méthode d'enquête alternative, relativement bon marché et rapide. L'UAS développe une nouvelle technologie avec un marché croissant pour les petits projets de photogrammétrie et de télédétection auxquels elle offre un service et un produit imbattables en termes de prix. (Moser et al., 2016, p.7) De nombreux projets de photogrammétrie des routes et des pistes ont été réalisés.

"Plusieurs logiciels (par exemple, PhotoScan, Pix4Dmapper, PhotoModeler, iWitness, ContextCapture, Geomagic Wrap, SURE, MicMac, VisualSFM, PMVS, MeshLab) ont été développés en utilisant une partie ou la totalité des techniques ci-dessus pour la création de nuages de points 3D et d'images à base de grille. PhotoScan, développé par Agisoft LLC, est un logiciel commercial qui génère des modèles 3D à partir d'images. Son pipeline se compose de quatre étapes entièrement automatisées, qui permettent à l'utilisateur de définir divers paramètres. La première étape, l'alignement des images, est un processus SfM qui génère un nuage de points épars de la scène et calcule les poses de la caméra et l'orientation intérieure. La génération de nuages denses est la deuxième étape, PhotoScan calcule les informations de profondeur pour chaque appareil photo et les combine en un seul nuage de points dense. Le maillage et le mappage des textures sont les dernières étapes du processus. À tout moment, l'utilisateur peut masquer des parties de l'image, mesurer les BPC, relier ou vérifier des points, et désactiver ou activer des images individuelles. (Verykokou et al., 2016, p.2) Photoscan est le logiciel le plus largement utilisé pour cette tâche car ses processus sont simplifiés et le résultat est facilement intégré à d'autres logiciels spécialisés de génie civil.

3.6 - Gestion du site.

Dans tout travail de construction, il faut une bonne visualisation de l'état de l'ouvrage sous tous ses aspects. Cette visualisation est plus importante pour les gestionnaires de sites et les ingénieurs en chef qui doivent prendre des décisions basées sur des informations en temps réel. Ces informations doivent être synthétisées et ne doivent pas être consignées dans des livres de procès-verbaux encombrants ou des compilations de plans en 2D. Il est préférable de compiler les progrès dans des formats vidéo, d'animation ou de simulation. C'est dans ce contexte que les drones ont la possibilité d'enregistrer le contexte de construction sous plusieurs angles de vue et de les transmettre en temps réel. "Pour améliorer la gestion des chantiers de construction, des vues augmentées des sites de construction ont été fournies aux ingénieurs en construction en termes de vues en hauteur et d'une combinaison de scènes réelles et virtuelles. Les représentations 3D utilisant les technologies de réalité augmentée (RA) ont été développées à partir d'images qui ont capturé des drones à des altitudes et des endroits spécifiques. La méthode proposée, qui combine les technologies liées à la RA et aux drones, peut aider les professionnels à visualiser à la fois le terrain réel et les environnements de construction virtuels dans l'organisation du site. Il permettrait aux gestionnaires de planifier certains aspects du chantier, tels que le flux des matériaux et des travailleurs, et d'identifier les problèmes potentiels. (Li et Liu, 2018, p.6)

"Avant même le début des activités de construction, les images et les vidéos des drones peuvent être utilisées pour la planification et l'optimisation efficaces des espaces de travail afin de réduire les goulets d'étranglement des flux de matériaux, ainsi que pour l'inspection périodique afin d'évaluer les mesures de sécurité actuelles. Ces rapports, tels que la quantité de matériaux déplacés, excavés et remblayés, ainsi que le suivi et la surveillance des biens au cours du projet, fournissent une méthode viable et évolutive pour savoir ce qui se passe sur le terrain pour tous les acteurs concernés. (Anwar, Amir et Ahmed, 2018, p.4) Après la première vidéo, des animations peuvent être incorporées à partir de reconstructions 3D de la zone en utilisant la photogrammétrie ou le LIDAR, de la même manière que des visualisations thermiques peuvent composer une vidéo animée de l'avancement de la construction. Il est évident que ce système d'animation est modulable en fonction du type de variable à observer dans l'œuvre et toujours en fonction du moment de la construction. Nous améliorons ainsi la compréhension des informations pour les directeurs

de la construction, qui peuvent ainsi se concentrer uniquement sur les décisions à prendre. De la même manière, une bibliothèque d'informations peut être créée dans le cadre du processus décisionnel : premièrement, les caractéristiques du contexte doivent être enregistrées, deuxièmement, les problèmes à résoudre doivent être enregistrés et troisièmement, les décisions prises doivent être enregistrées avec leurs conséquences sur l'avancement des travaux. Avec cela, nous pouvons élaborer un complément BIM qui compare la situation du travail actuel avec d'autres situations enregistrées très similaires, puis l'algorithme pourra compiler les décisions prises dans les situations enregistrées pour les proposer ultérieurement au gestionnaire. Dans ce cas, le gestionnaire dispose d'une base historique de bonnes décisions qui minimise le pourcentage d'erreurs ou de mauvaises décisions dans la gestion du site. Par conséquent, nous obtiendrons une diminution de la marge d'erreur en fonction du temps et nous pourrons ainsi réduire les coûts et le temps d'exécution des travaux.

La gestion de chantier en temps réel est utile pour les inspections inattendues des travaux, comme celles des fonctionnaires ou des responsables de la construction. De même, il constitue une bonne ressource publicitaire et marketing pour les clients potentiels qui peuvent observer le processus de construction grâce à des instruments de réalité virtuelle.

"Lors des expériences menées, un système a été mis en place dans lequel un drone navigue de manière autonome et génère une carte quadrillée de l'occupation avec un capteur LIDAR intégré au drone dans un environnement 3D simulé. Dans cette situation, nous avons travaillé à la mise en place d'un tel système en utilisant Unity3D et un système d'exploitation de robot (ROS) travaillant collectivement. Dans le système, le ROS fonctionne comme un centre de contrôle au sol tandis qu'Unity3D simule le monde réel avec les résultats LIDAR d'un UAV et de l'environnement. Nous avons donc construit un système performant qui permet au drone de naviguer et d'explorer de manière autonome dans un monde 3D simulé donné. Toute l'expérimentation s'est faite en utilisant le modèle 3D du bâtiment du campus de l'Université Kultur d'Istanbul comme environnement. Une dernière application a été la construction d'une application de réalité augmentée sur un téléphone mobile pour mieux visualiser le drone de navigation autonome. (Ertugrul, Kocaman et Koray, 2018, p.169) Les drones doivent être autonomes pour la surveillance du site, mais cela exige que tout le personnel connaisse la trajectoire de vol pour éviter les accidents.

Le mécanisme qui contrôle la trajectoire de vol et les manœuvres d'évitement

est le ROS et il est fonctionnel à partir des données fournies par le LIDAR sur les distances entre l'UAV et les structures. "Le système d'exploitation des robots (ROS) est un cadre créé pour écrire des logiciels de robot. ROS fonctionne comme une collection de divers outils, bibliothèques et assemblages, dans le but d'aider les développeurs de logiciels et les passionnés de robots à créer des applications robotiques. Le ROS n'a pas été créé par une seule institution et peut être considéré comme un travail de collaboration entre de nombreux chercheurs dans le domaine de la robotique. Le ROS est considéré comme ayant été établi en 2007. (Ertugrul, Kocaman et Koray, 2018, p.169) Ce système peut également être le centre de commandement pour gérer d'autres fonctions qui peuvent être développées par le drone comme le RBG ou le traitement des images thermiques. De la même manière, il peut également être utile pour la gestion autonome, la transmission d'informations et la prise de décision d'autres machines autonomes comme d'autres drones ou UGV.

Le système ROS permet également l'interprétation des données LIDAR pour une utilisation dans Unity ou dans d'autres logiciels de traitement. "Du côté des ROS, le nœud ROSBridge a été lancé pour permettre à l'Unité d'utiliser le système ROS. Nous avons ouvert une prise sur le port "9090" pour établir la connexion entre ROS et Unity. Du côté de Unity, une bibliothèque C# a été mise en place pour communiquer avec le nœud ROSBridge afin de publier et de s'abonner à d'autres nœuds ROS via le protocole WebSocket. Pour connecter Unity à ROSBridge, nous donnons l'adresse IP de la machine ROS et le numéro de port ouvert par ROSBridge à l'application Unity. (Ertugrul, Kocaman et Koray, 2018, p.170) "L'approche de balayage basée sur les frontières mentionnée ci-dessus a été mise en œuvre dans les ROS comme un nœud pour guider notre UAV à scanner ses environs. Les limites générées sont maintenant prêtes à être établies en tant que cibles vers lesquelles le drone naviguera. Tant que le drone sera capable de naviguer avec succès, ce nœud d'exploration continuera à fixer de nouvelles frontières comme cibles, en éliminant les frontières par la découverte des zones inconnues, jusqu'à ce qu'il n'y ait plus de frontières à explorer. Un tel comportement rendra l'UAV autonome. (Ertugrul, Kocaman et Koray, 2018, p.171)

Il était nécessaire de transmettre les perceptions du vol au simulateur virtuel créé par Unity 3D, pour que le ROS interprète les résultats des capteurs de vitesse et de pression, puis les convertisse en code de programmation pour être simulé par Unity 3D. "Pour pouvoir diriger l'UAV vers les limites que nous avons trouvées, nous avons dû configurer les paramètres du robot (tels que

l'empreinte, la tolérance, etc.) Une fois cela fait, des cartes des coûts globaux et des cartes des coûts locaux ont été générées, permettant la planification des itinéraires et la navigation dans la zone environnante. Les vitesses linéaires et angulaires publiées par le nœud de mouvement de base ont été souscrites par le client Unity3D et exécutées dans le drone se déplaçant aux vitesses reçues". (Ertugrul, Kocaman et Koray, 2018, p.171) Cette fonction supplémentaire donne la possibilité de contrôler le vol de l'UAV avec l'esprit ou d'autres contrôles, les commandes sont converties en codes et ceux-ci en actions mécaniques de pilotage de l'UAV. Cela permet de visualiser les travaux dans une perspective qui peut être facilement comprise par des personnes extérieures au génie civil, comme les clients, les actionnaires ou les investisseurs.

3.7 - Transport sur le site.

De plus en plus, il est nécessaire d'augmenter le temps et le coût du transport des matériaux dans les travaux de construction, et des machines telles que les ascenseurs, les grues, les camions et les chariots élévateurs ont été incorporées, qui prennent du volume et constituent un élément de danger. Malheureusement, ces outils n'évoluent pas en fonction des progrès technologiques de la construction civile. Par exemple, le chariot élévateur à fourche n'a été utilisé pendant des siècles que pour transporter de multiples types de matériaux soumis à des contraintes mécaniques humaines. La grue et les tours de construction sont une innovation du XIXe siècle qui est statique, coûteuse et complexe à mettre en œuvre. Avec l'ère de la numérisation et de l'automatisation dans les industries, il faut des mécanismes qui remplissent de multiples fonctions tout en permettant de gagner du temps et de l'argent. L'UAV peut être un véhicule pour le transport de matériaux tout en remplissant d'autres fonctions telles que la gestion ou le balayage. "Sur les chantiers de construction, il est inévitable d'exporter ou d'importer des matériaux de et vers différents endroits au moyen de machines de transport entre travailleurs, ou simplement de transporter des matériaux vers certains endroits. Les engins de transport sont généralement encombrants, se déplacent lentement et nécessitent que plusieurs personnes les chargent et les conduisent ensemble. Par rapport aux véhicules encombrants, les SAMU petits et maniables sont un moyen idéal d'aider au transport sur place. Il suffit d'un travailleur pour charger les matériaux sur le SAMU et d'un travailleur pour faire fonctionner le SAMU pour effectuer des livraisons multiples à n'importe quel endroit du site. Alors que la plupart des SAMU peuvent transporter jusqu'à 2 268 kg (5 livres), d'autres modèles ont le potentiel de supporter un poids plus important, ce qui en fait un moyen potentiel de transporter des équipements et des outils petits mais importants. En outre, comme ces véhicules aériens ne sont pas limités par des murs ou des routes physiques, ils n'ont techniquement aucune limite, ce qui rend les délais de livraison beaucoup plus efficaces et rapides que ceux des véhicules conventionnels qui doivent fonctionner dans le cadre de la circulation. Les possibilités offertes par le transport UAS sont illimitées, surtout lorsqu'il s'agit de terrains difficiles et d'endroits difficiles à atteindre dans un site. (Zhou, Irizarry et Lu, 2018, p.4) Ce type de service peut être très utile dans les très grandes zones de construction, les bâtiments élevés ou lorsque l'entrepôt est relativement éloigné de la zone de construction.

Figure 14 : Exemples de drones de transport

De même, dans les zones de construction urbaine, il est évident qu'il y a peu d'espace de travail pour les véhicules de transport et les grues, qui doivent faire face à la circulation, aux restrictions municipales, aux câbles électriques, aux panneaux publicitaires et aux mouvements humains. Un autre mécanisme de transport et de logistique est donc nécessaire pour simplifier les processus de construction. De ce besoin, on obtient le concept de vol synchronisé pour le transport de matériaux lourds. Il existe des précédents tels que des hélicoptères de transport pouvant transporter 50 tonnes et avec eux, de nouveaux systèmes de contrôle de vol synchronisé peuvent être définis. Si un drone de transport est capable de transporter 12 kilogrammes, alors avec quatre d'entre eux, il pourrait théoriquement transporter 48 kilogrammes. Mais, des moteurs et des hélices secondaires peuvent être mis en œuvre pour pouvoir supporter un poids plus important avec lequel il pourrait atteindre 60 kilogrammes, assez pour transporter un sac de ciment et d'autres petits outils. Le transport de matériel est exclusif pour les drones à capacité de décollage vertical VTOL à la fois à voilure fixe et à voilure tournante. Les drones à voilure tournante seraient spécifiquement destinés au transport dans la zone de construction, tandis que les drones à voilure fixe ayant une capacité VTOL. Tous les progrès en matière de capacité de transport sont fonction de la force propulsive du moteur et de l'hélice, ce système de propulsion a été le premier à être utilisé et optimisé dans l'industrie aéronautique, quel que soit l'investissement réalisé, son efficacité ne peut être améliorée qu'en millièmes de pour cent. Par conséquent, pour pouvoir charger davantage, il faut des stratégies visant à augmenter la propulsion avec une plus grande inclusion de moteurs, c'est-à-dire à court terme. À long terme, de nouveaux systèmes de propulsion basés sur l'électricité et le magnétisme sont nécessaires pour minimiser les dimensions des moteurs et augmenter la force de propulsion.

3.8 - Gestion de l'éclairage.

Exiger et respecter les délais du projet de construction signifie parfois surcharger les travaux, même la nuit. Dans d'autres cas, il existe des contextes de construction dans des tunnels et sur des pentes où l'éclairage statique des poteaux n'éclaire pas toutes les zones de travail. Dans d'autres cas, l'éclairage des lanternes ou des casques rend l'opération humaine difficile et ne couvre pas tous les points d'opération. Une visualisation générale est toujours importante pour identifier l'ensemble du contexte géographique et pour éviter les accidents. L'installation de lampes de poche et de réflecteurs sur des supports à cardan permettrait d'obtenir un éclairage à 360° et d'éliminer les angles morts. "En raison des longues heures de travail sur les chantiers de construction, un éclairage adéquat est nécessaire pour assurer la sécurité et la santé des travailleurs et pour respecter le calendrier. L'éclairage et la pollution lumineuse nocturne sont une préoccupation majeure des chantiers de construction. Le SAMU peut être mis en œuvre la nuit pour contrôler l'éclairage sur le site, en veillant à ce qu'il soit uniforme et ne se répande pas inutilement au-delà des limites établies. Même avec une planification minutieuse, il peut y avoir un écart entre ce qui est attendu et ce qui se passe. La technologie de la SAMU peut donc aider à gérer et à rectifier cela, en surmontant les inconvénients des outils existants tels que les lampes à incandescence, les lampes fluorescentes et les équipements d'éclairage portables. L'application UAS dans la gestion de l'éclairage a une exigence plus élevée avec la caractéristique de stabilité. (Zhou, Irizarry et Lu, 2018, p.5)

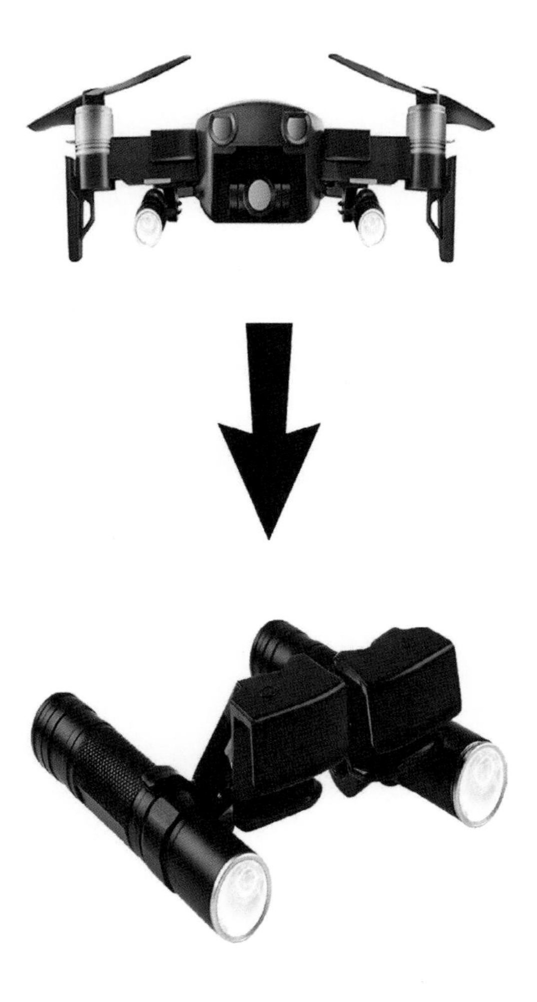

Figure 15 : Système d'incorporation de la lampe de poche du drone.

3.9.- Construction aérienne.

On observe de plus en plus de grands bâtiments, pour chaque étage supplémentaire construit, la difficulté de la construction, le temps de construction et les éventuels accidents à survenir augmentent. En outre, les machines exécutant les travaux ont une certaine limite de construction, toutes les solutions ou les conceptions architecturales présentées par les architectes et les ingénieurs pour la construction ne sont pas viables, il y a donc une limite plus stricte dans les conceptions possibles des bâtiments. Une conception architecturale innovante, sûre et viable peut donner l'avantage économique, stratégique et social à une entreprise de construction. C'est pourquoi de nouvelles méthodes de construction et de nouvelles façons d'exécuter les conceptions structurelles sont développées, en éliminant les restrictions existantes. C'est pourquoi la construction aérienne avec des drones est une nouvelle méthode de construction encore en cours de développement. "Contrairement aux machines de construction conventionnelles, les HSA sont considérés comme des robots aériens dotés d'un certain nombre de points forts. Plus précisément, ils ont la capacité d'atteindre n'importe quel point dans l'espace et de voler dans et autour d'objets existants. Guidée par des algorithmes mathématiques, une flotte de HES peut créer ensemble un grand bâtiment sans avoir à monter d'échafaudage, en utilisant des grues ou d'autres grandes machines. Un gratte-ciel construit par l'UAS convient aux formes architecturales innovantes qui ne sont pas possibles en raison des limites des méthodes de construction, des matériaux et des machines traditionnels. Cette quête est multidisciplinaire et nécessite le développement de systèmes de matériaux non standard, de processus de conception et de construction numériques avancés, et de stratégies adaptatives pour contrôler les robots aéroportés lorsqu'ils interagissent avec leur environnement et coopèrent à la tâche d'assemblage. Selon l'étude typique de l'Institut des systèmes dynamiques et de contrôle de l'ETH Zurich, une tour de 6 m de haut composée de 1500 blocs de mousse a été assemblée par quatre petites UAS robotisées, qui ont été guidées par des paramètres préprogrammés et ont fonctionné de manière semi-autonome. Cette tour est un modèle pour un futur habitat de plus de 600 m de haut et abrite 30 000 habitants. (Zhou, Irizarry et Lu, 2018, p.6)

En général, le but est de briser les limites techniques ou humaines pour construire des structures complexes, à long terme, il faudra créer le maximum d'espace habitable et la seule option est l'espace aérien. "Airborne Robotic Cons-

truction" (ARC) est un domaine où la robotique aéroportée est utilisée non seulement pour la construction, mais aussi comme principe directeur dans le processus de conception et de fabrication. Avec des véhicules volants autonomes qui soulèvent de petits éléments de construction et les positionnent selon un plan numérique précis. L'ARC offre des avantages uniques par rapport aux méthodes de construction traditionnelles : il ne nécessite pas d'échafaudage, est facilement modulable et offre une intégration numérique et un suivi des informations tout au long du processus d'assemblage, de conception et de construction. La recherche sur l'ARC en est à ses débuts et présente de nombreux défis théoriques, pratiques et méthodologiques. Les exemples évidents ont une grande portée et comprennent la nécessité d'un assemblage à commande numérique non standard de pièces de construction, de matériaux et de systèmes de construction qui sont transportables et configurables en hauteur par des robots, ainsi que l'intégration de véhicules volants dans le processus de construction. Afin de développer un schéma permettant de relever ces défis, deux groupes de recherche de l'ETH Zurich - le groupe Architecture et fabrication numériques de Gramazio & Kohler, et le groupe de Raffaello D'Andrea de l'Institut des systèmes dynamiques et du contrôle - ont collaboré à la création d'une première configuration expérimentale pour l'ARC. Ce prototype, appelé Flight Assembly Architecture, a donné naissance à une tour de six mètres de haut et à 1500 modules". (Willmann et al., 2012, p.440)

"Premièrement, comme les robots aéroportés volent et assemblent les pièces de construction directement à leur position requise, l'ARC ne nécessite pas d'échafaudage et est moins limitée par la hauteur et l'accessibilité du bas vers le haut. Deuxièmement, les structures de l'ARC peuvent être construites selon des plans très complexes : les robots aéroportés opèrent sous la direction explicite d'un plan architectural numérique et peuvent placer et manipuler des matériaux selon un plan numérique précis. Troisièmement, la capacité de travail de l'ARC est facilement modulable : alors que les machines conventionnelles se limitent à fonctionner sur un petit composant d'une structure traditionnelle, de nombreux robots aéroportés peuvent fonctionner dans une structure ARC en même temps, soit individuellement, soit en coopération. Le développement d'un système de construction robotique aéroporté nécessite la coopération de plusieurs véhicules. Les tâches possibles qui nécessitent une coopération comprennent la planification des trajectoires, le levage de la charge utile et le traitement des défauts. Aujourd'hui, le vol de haute précision repose toujours sur des méthodes de localisation externes, mais les progrès réalisés dans les

capacités des capteurs (caméras, GPS, télémètres laser, etc.) et leur miniaturisation croissante améliorent considérablement la possibilité de perception à bord et d'estimation de l'état du vol. (Willmann et al., 2012, p.442)

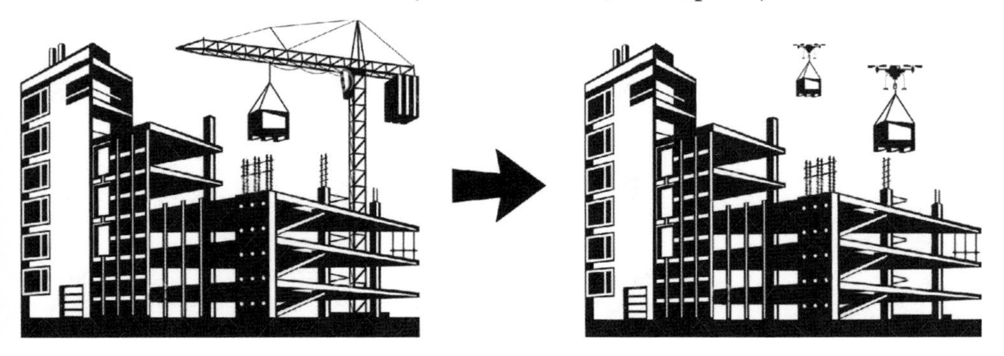

Figure 16 : Représentation de l'évolution de la construction des tours de grue vers les drones à capacité de construction aérienne.

"Pour réaliser des structures aussi complexes à l'aide de drones, les éléments de construction doivent se déplacer avec précision dans l'espace. Il est donc nécessaire de développer des systèmes de préhension physique qui permettent aux drones capables de voler de se connecter à des objets, de voler avec eux en permanence vers un point cible dans l'espace et de les positionner avec une orientation donnée. Cela dépend en grande partie des capacités des véhicules et des degrés de liberté autorisés par une méthode de construction choisie. Par conséquent, la conception d'un système de construction particulier est directement liée à la conception de ses outils. Les solutions sont des pinces mécaniques, qui insèrent des goupilles dans les matériaux ou possèdent de petits supports de préhension. Cela pourrait être une solution appropriée étant donné l'utilisation de matériaux de construction déformables ou d'éléments de petite taille. En outre, les pinces droites ou magnétiques présenteraient un champ d'étude important, même si ces outils complexes sont dans la plupart des cas trop lourds pour être incorporés dans les drones. Une autre façon de transporter des charges utiles est de les accrocher à des câbles. (Willmann et al., 2012, p.480) Les drones conçus pour cette fonction partageraient des caractéristiques de conception avec les drones de transport spécialisés, de sorte que des drones remplissant les deux fonctions en même temps puissent être mis en œuvre. Pour les tâches de multifonctionnalité, il est toujours préférable qu'il y ait un avion de commandement qui gère les trajectoires de vol et le processus de construction. De même, des systèmes de sécurité doivent être utilisés sur les

drones pour prévenir les défaillances de vol, tels qu'un second pilote automatique, une seconde source de propulsion et d'énergie, un système de navigation alternatif et un parachute. Une autre innovation est l'application d'un algorithme d'apprentissage autonome qui enregistre le contexte atmosphérique dans lequel se déroulent la construction et les mouvements du drone afin de placer les modules à l'endroit établi. Grâce à cette caractéristique, nous obtenons un temps de construction plus court, en outre tout l'apprentissage enregistré par le robot volant peut être partagé avec ses collègues pilotes pour optimiser et prévoir leurs mouvements éventuels. Le fait de savoir ce qui va se passer réduit les accidents et les retards qui les produisent. En général, il est nécessaire de contrôler toutes les variables impliquées dans la construction afin d'améliorer les performances.

La mise en œuvre de nouveaux domaines de l'ingénierie pour la construction civile signifie que tous les processus doivent être intégrés dans un seul logiciel multidisciplinaire impliquant l'ingénierie civile, mécanique, électronique, mécanique-électronique, aéronautique, statistique, télécommunications et informatique afin d'économiser du temps et des ressources dans l'interprétation des données. L'apprentissage et la simulation de cas doivent être les piliers de ce logiciel. Tout d'abord, l'apprentissage constant permet d'élaborer des suggestions qui peuvent être une référence pour le gestionnaire du site dans le processus de prise de décision. Deuxièmement, la simulation permet de visualiser les conséquences d'une série de décisions à prendre et permet donc de prendre de meilleures décisions. De même, l'élaboration des zones de vol et de transit des drones peut être conçue dans ce logiciel par n'importe quel spécialiste. En général, le logiciel doit être facile à interpréter pour tous les types de personnel. Une première version de ce logiciel peut être l'union du système BIM avec l'ARC. "Avec l'ARC, écrire un programme informatique équivaut à dessiner des plans et des coupes. Cette convergence des données numériques et de la matérialité physique permet la création de géométries très complexes et, surtout, d'une architecture non standard. En même temps, cela nécessite de nouvelles méthodologies et de nouveaux outils de calcul qui peuvent exploiter la cohérence entre les paramètres utilisés dans la conception informatique et les degrés de liberté physiques dont disposent les robots volants dans l'espace aérien. De multiples agents robotiques peuvent effectuer collectivement une action souhaitée dans le cadre d'une coopération constructive dynamique et intelligente. En plus de la collaboration directe, leur capacité de travail est également très évolutive, une caractéristique que les robots volants à commande numérique partagent avec de nombreuses autres technologies à commande numérique. En fait, les véhicules volants peuvent coopérer de nombreuses façons : comme mentionné ci-dessus, ils peuvent collaborer pour soulever de lourdes charges. En outre, la coopération peut être exploitée pendant le processus d'assemblage. Par exemple, deux véhicules peuvent transporter deux parties du bâtiment (comme des modules ou des barres) tandis qu'un autre véhicule les aide à l'assemblage. Par conséquent, la coopération multi-véhicules permettra le développement d'un système de construction aérienne flexible, mais nécessite d'étudier les possibilités de collaboration entre les véhicules lors de la définition de la stratégie de connexion et d'assemblage au début de la conception de la construction. Pour cette raison, la fabrication de systèmes tectoniques non standard utilisant de multiples machines volantes autonomes nécessite une structuration dynamique de l'espace". (Willmann et al., 2012, p.449-453)

Les premiers tests ont été effectués sur le concept de construction aérienne avec des drones, et dans tous les tests, il a été conclu que le principal problème à résoudre est la programmation du bon algorithme de vol. "L'installation d'architecture d'assemblage de vol a été développée en collaboration entre Gramazio et Kohler, la chaire d'architecture et de fabrication numériques et l'Institut des systèmes et contrôles dynamiques. Il adopte une approche dynamique de la construction et fournit un premier dispositif expérimental pour la recherche sur l'ARC. Le projet a été exposé au FRAC Centre Orléans de décembre 2011 à février 2012 et comprenait une vision architecturale urbaine utopique, avec une esthétique, une structure et une programmation particulières. C'est la première installation architecturale à être assemblée par des machines volantes. Conçue comme une structure architecturale de 600 mètres de haut, l'expérience a utilisé quatre quadricoptères qui ont construit une tour de 6 mètres de haut avec 1500 modules en polystyrène. La première décision conceptuelle prise pour le projet Flying Assembled Architecture a été d'utiliser au maximum la hauteur du volume de l'espace d'exposition donné. Cette hauteur est facilement accessible par des véhicules volants sans aucune intervention humaine ou construction auxiliaire, mais, même à cette petite échelle, elle serait bien au-delà de la portée de tout robot à bras articulé basé au sol. (Willmann et al., 2012, p.453) Bien que ces premières démonstrations donnent une première impression de l'efficacité de la construction aérienne, il reste des problèmes de mise en œuvre comme le système d'accrochage et de décrochage des charges, la batterie, les conditions météorologiques et surtout la législation existante.

Comme pour toutes les innovations technologiques, le système doit être démontré en pratique pour son brevetage et son intégration ultérieure dans la législation aéronautique et de construction civile.

4.- Gestion des installations construites.

Le processus de construction lui-même ne s'arrête jamais car la structure remplit des fonctions à tout moment, en général elle peut être comparée à une machine dans laquelle il faut mesurer ses performances, l'inspecter et la projeter dans l'avenir pour augmenter ses bénéfices. Ainsi, une construction doit être inspectée pour prévenir les problèmes futurs causés principalement par l'usure et les attaques environnementales. En retour, il doit démontrer aux acheteurs potentiels la fiabilité de la construction, montrer toutes les fonctionnalités et les finitions, ainsi que comprendre les besoins et les priorités des clients. À partir de là, nous pouvons établir trois domaines importants dans lesquels les drones et leurs accessoires correspondants peuvent être utiles. Tout d'abord, l'inspection conventionnelle concentre les activités où la stabilité structurelle, la santé structurelle et l'enregistrement de l'état de la construction sont déterminés afin d'établir les futures actions de maintenance ou de construction. Deuxièmement, l'inspection énergétique détermine l'efficacité énergétique de la construction, ce qui est plus pertinent dans les structures intelligentes telles que les villes intelligentes. Dans ces structures, l'énergie est pertinente pour minimiser le coût d'acquisition, de maintenance et d'automatisation du bâtiment. Troisièmement, le marketing et la publicité couvrent les processus liés à la création et à la diffusion de contenu numérique sur le produit immobilier. Face à la multiplication des sociétés immobilières, il est nécessaire de se démarquer dans la présentation de la maison idéale rêvée par les utilisateurs et de comprendre leurs réactions afin d'élaborer des statistiques de préférence.

4.1.- Outil d'inspection.

Dans les décennies à venir, il y aura deux types de constructions dans les zones urbaines, les premiers sont des bâtiments anciens typiques du XXe siècle et les seconds sont des bâtiments intelligents caractéristiques du XXIe siècle. Dans les deux cas, il sera nécessaire de procéder à un contrôle, notamment dans les constructions anciennes, afin d'évaluer le risque qu'elles représentent pour leurs voisins. "Le vieillissement et la détérioration de structures telles que les ponts deviennent un problème social urgent. En effet, les structures sont soumises à des processus de vieillissement dus à des effets externes tels que les conditions climatiques, l'utilisation intensive ou l'augmentation des charges, mais aussi à des effets internes tels que la fatigue des matériaux ou la détérioration naturelle. La zone où se produit une catastrophe naturelle est souvent difficile d'accès pour l'homme. Avec une planification et une coordination adéquates, les tâches de reconnaissance après une catastrophe peuvent être effectuées plus efficacement en utilisant la technologie UAS équipée d'autres dispositifs. L'UAS permet d'estimer les structures, les bâtiments ou les infrastructures qui ont déjà été endommagés et qui sont dangereux pour les ingénieurs et les travailleurs humanitaires. Les opérations de sauvetage, de nettoyage, de réhabilitation et de modernisation bénéficient également de cette puissante technologie. Suite au séisme de magnitude 9 qui a frappé la côte nord-est du Japon le 11 mars 2011, l'Agence internationale de l'énergie atomique (AIEA) a utilisé des UAS/UAV pour mesurer et calculer les émissions de radiations de la centrale nucléaire de Fukushima Daiichi. Ces ASU peuvent voler à un niveau inférieur à celui des avions pilotés et exclure le potentiel de radiation du pilote. (Ciampa, De Vito et Rosaria, 2019, p.1-6) L'objectif des drones est de simplifier et de faciliter les processus d'inspection, ce qui a plus d'effet dans les contextes défavorables où le danger est plus grand. Dans cette phase, il est difficile de réaliser des processus automatisés et la seule chose qu'un drone peut fournir est de faciliter l'obtention d'informations. "La détection rapide des bâtiments endommagés après des catastrophes naturelles telles que des tremblements de terre et des ouragans est un besoin essentiel pour la planification des premières interventions, des secours et du rétablissement. La télédétection a été jugée très utile pour l'évaluation des dommages car elle peut couvrir de grandes zones. En outre, les évaluations basées sur des images sont comprises plus rapidement que les évaluations faites par des enquêteurs correctement formés. (Dastgheibifard et Asnafi, 2018, p.47) Les informations doivent être comprimées et synthétisées pour faciliter leur interprétation par tout personnel, les décisions doivent être prises rapidement après que les résultats sont connus.

“Avec le nombre croissant de vieux bâtiments et d’infrastructures, l’inspection et la surveillance efficaces des structures civiles existantes deviennent d’une importance capitale. L’évaluation de leurs conditions structurelles et l’activation de la réhabilitation peuvent prolonger leur vie. Les méthodes d’inspection traditionnelles impliquent souvent des coûts élevés en raison de la nécessité d’un équipement spécial et d’un personnel spécialement formé. Cependant, un UAV ne nécessite qu’un seul opérateur au sol pour surveiller son vol et sa caméra. Plus précisément, la télédétection optique montée sur drone peut fournir des images à haute résolution allant du décimètre au centimètre. Cela permet de procéder à une évaluation complète des dommages en identifiant différents niveaux de preuve des dommages, allant de l’effondrement complet aux fissures des bâtiments et des ponts, en choisissant des images à des échelles appropriées. En particulier, les images obliques aéroportées basées sur les technologies des drones sont reconnues comme une source appropriée, car elles peuvent faciliter l’évaluation des dommages causés aux toits et aux éléments latéraux. Les technologies des drones ont également démontré l’efficacité de l’inspection d’un mur et du marquage des zones de dégradation du béton à la suite de problèmes de fuite et d’infiltration d’eau. (Li et Liu, 2018, p.6-7) “L’évaluation des dégâts de construction est un facteur important et les drones peuvent aider les ingénieurs au début de l’apparition des dégâts et permettre de planifier des investigations expérimentales pour le diagnostic. L’utilisation de la thermographie infrarouge assistée par un drone est une méthode non destructrice tellement efficace qu’elle permet d’évaluer les bâtiments sans aucun contact. Son utilisation est utile pour découvrir les types de matériaux dont sont faites les structures (maçonnerie, béton), découvrir la présence de barres d’acier, de fuites d’eau ou d’humidité, ou de schémas thermiques à l’intérieur de l’enveloppe du bâtiment, ainsi que le mouvement des matériaux à travers les différents bâtiments. (Ciampa, De Vito et Rosaria, 2019, p.3)

Les processus d’inspection sont très similaires aux processus de surveillance des chantiers de construction. “Le processus d’inspection comprend quatre étapes : l’identification de la structure, la planification de la trajectoire de vol, l’acquisition des données et le traitement ultérieur. La dernière étape permet d’analyser l’état de la structure”. (Ciampa, De Vito et Rosaria, 2019, p.4) Avec les drones, nous pouvons enregistrer de minuscules défaillances impossibles à détecter par l’homme, le développement de capteurs et de caméras à cap-

ture infrarouge, spectrale ou autre n'est pas utile s'il n'est pas bien ciblé sur la zone de crise. Il existe de nombreux angles morts pour les humains équipés de caméras, surtout dans les bâtiments en hauteur. En revanche, un UAV peut atteindre n'importe quelle position et concentrer ses caméras sur n'importe quelle zone du bâtiment. "En outre, une attention croissante est accordée à l'extraction d'informations quantitatives à partir d'images suite à l'identification de régions de détérioration et à la détection de fissures. La capacité de détecter et de mesurer l'épaisseur et la longueur des fissures du béton à l'aide de drones a déjà été étudiée. L'efficacité des drones à détecter les fissures en termes de distance à la structure a également été étudiée. L'étude a montré qu'avec une caméra haute résolution, il est possible de détecter une fissure de 0,75 mm d'épaisseur à une distance de 3 m. Dans une autre étude, l'analyse d'images aériennes d'une façade a montré qu'une identification visuelle de fissures de 0,3 mm à une distance de 10 m de la surface est possible, mais seulement si les images ont une netteté suffisante et une bonne exposition, ainsi qu'un bruit d'image le plus faible possible. Grâce à un logiciel spécifique, il est possible de mesurer les distances, notamment les dimensions des éléments structurels, en les comparant avec les plans du projet". (Ciampa, De Vito et Rosaria, 2019, p.3-4) Un registre thermique est utile pour identifier les données qui ne sont pas facilement enregistrées directement par l'homme. D'abord, il découvre le type de matériau incorporé dans les structures, il découvre aussi la présence de barres d'armature en acier. Tous les matériaux enregistrent des températures différentes et ont des valeurs de transmission thermique différentes. De la même manière, il découvre les fuites d'eau ou d'humidité, les ponts thermiques et détermine les performances des conduits/tuyaux. Dans de nombreux cas, la dégradation de la température peut être observée dans certaines régions spécifiques, c'est-à-dire qu'on ne peut pas voir de couleurs de température uniformes. La meilleure explication de ce phénomène est la délamination du béton. De la même manière qu'il se produit dans le béton ou l'acier, les phénomènes thermiques se produisent également dans le béton. Le béton subit des changements dans sa composition interne, surtout à la fin de la phase de construction. Le drone permet de déterminer les stades frais et plus durs du béton, de mesurer son tassement et sa fixation dans la construction est fonction de l'humidité et de la température. À long terme, il existe un autre phénomène qui détruit le béton, comme les attaques environnementales et l'invasion de la faune et de la flore. Avec les drones, vous pouvez déterminer et localiser les trous dans le béton.

Les images RBG peuvent être utilisées pour calculer l'épaisseur et la longueur des fissures. Il est possible de déterminer les modifications des contraintes actuelles dans la structure et si celles-ci représentent un danger pour les futures constructions secondaires ou environnantes. "La Delaware River and Bay Authority (DRBA 2016) a réalisé un test sur l'utilisation de la SAMU (Inspire Pro 1 et Maverik X8) pour inspecter le côté New Jersey du Delaware Memorial Bridge avec moins de temps, une meilleure qualité et des exigences de fermeture de voies nettement inférieures, par opposition aux méthodes traditionnelles, telles que l'accrochage de cordes pour l'inspection du pont. Une autre utilité des drones est l'inspection de toits tels que ceux avec des tuiles d'ardoise ou d'argile sur lesquels il est difficile de marcher ou qui nécessitent des travaux supplémentaires sur l'échelle. En outre, il y a des considérations de sécurité avec les toits à forte pente. L'utilisation de la technologie UAS produit à la fois des avantages en matière de sécurité et des gains de temps dans les travaux d'inspection et d'estimation des itinéraires. Il réduira le temps considérable que les travailleurs passent sur les toits, diminuera la possibilité d'erreurs d'évaluation et simplifiera les procédures d'entretien des toits. (Zhou, Irizarry et Lu, 2018, p.6) Des activités qui impliquaient auparavant la construction d'avions sont maintenant tout à fait possibles avec les drones. "L'un des principaux inconvénients est qu'il est difficile d'examiner les constructions au-dessus de l'avion en raison du chevauchement de l'angle de vue de la caméra". (Cajzek et Klansek, 2016, p.322) Dans un avion, il n'y a pas de mécanisme de visualisation spécifique, mais dans un drone, il est possible de transporter une tourelle qui peut être tournée dans les 2 ou 3 axes et avec laquelle on peut orienter la vue de la caméra. Grâce à des réglages spéciaux, deux caméras peuvent être incorporées afin de couvrir toutes les zones possibles d'une construction, comme le sommet des ponts qui n'est visible que du dessous du pont.

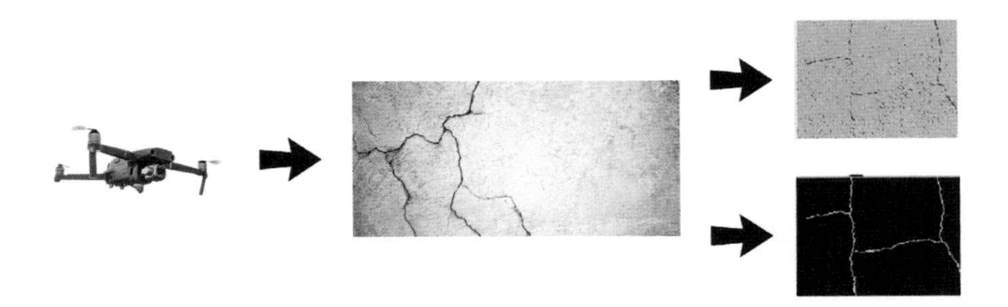

Figure 17 : Système de détection de fissures utilisant des images RBG à haute

résolution

L'inspection des bâtiments en hauteur est l'une des tâches humaines les plus compliquées et les plus coûteuses, car des caméras puissantes n'ont pas encore été développées pour pouvoir visualiser les défauts des bâtiments, de même que la zone à inspecter ne peut être vue depuis les points de vue appropriés. "De nombreuses enquêtes ont démontré qualitativement l'efficacité de l'utilisation de drones pour l'inspection visuelle des façades de bâtiments, ce qui constitue une excellente alternative aux moyens conventionnels plus lourds et plus coûteux, tels que les échafaudages, les grues, les plateformes de levage, entre autres. Les principales qualités sont notamment la manœuvrabilité des drones qui peuvent facilement accéder à des endroits difficiles, la vitesse à laquelle les inspections peuvent être effectuées et les économies qui en résultent. D'autres avantages sont l'inspection de vastes zones en très peu de temps, l'atténuation des risques opérationnels et la possibilité de partager rapidement des fichiers numériques entre toutes les parties intéressées. Un résultat remarquable a été la plus grande clarté visuelle fournie par l'utilisation de caméras HD, qui permet de détecter de petits détails qui passent souvent inaperçus. Grâce à une haute résolution des images enregistrées et à leur traitement correct, il est possible d'identifier des cas de pathologies telles que des surfaces irrégulières, des défauts visuels de l'interface de la façade, des blocs d'isolation gonflés, des changements de couleur et des fissures de surface. (Furtado et Gonçalves, 2020, p.19)

Toutes les nouvelles procédures d'inspection impliquant de nouvelles technologies doivent avoir un protocole d'exploitation, et l'industrie de la construction de drones ne fait pas exception. "Par exemple, l'American Society for Testing and Materials (ASTM International) élabore déjà un nouveau manuel sur la norme ASTM WK58243 pour l'inspection visuelle de la façade d'un bâtiment à l'aide de drones. (Furtado et Gonçalves, 2020, p.15) Avec ce type de norme, les premiers tests réels de cette technologie peuvent être initiés et ensuite validés économiquement auprès des entreprises de construction. D'autre part, les protocoles de vol et d'équipement doivent être définis en fonction des zones à inspecter. "Une méthode de planification des vols basée sur le GPS et reposant sur des cartes existantes présente les limites suivantes. Premièrement, elle ne tient pas compte de la dynamique d'un chantier de construction et de son impact sur la sécurité, par exemple la présence de phénomènes naturels, les dangers aériens ainsi que la localisation et l'orientation de ressources temporaires telles que les grues. Deuxièmement, elle peut être affectée négativement

par la perte ou l'interférence du signal GPS à l'intérieur de la construction ou par les effets d'ombre causés par les bâtiments voisins ou d'autres structures dans les zones métropolitaines à forte densité de population et les immeubles de grande hauteur. Troisièmement, ils peuvent être soumis à des dangers pour la navigation en raison de la perte d'étalonnage des capteurs du magnétomètre et du compas magnétique à proximité d'éléments structurels et non structurels en acier. (Ham et al., 2016, p. 3) En observant le premier point, il est évident qu'il y aura de multiples menaces dans chaque contexte de surveillance différent, ces menaces peuvent être classées selon le contexte rural ou urbain. Dans le contexte rural, nous ne pouvons pas contrôler les variables géographiques et naturelles, la chasse aux oiseaux, la pluie et le vent, l'humidité et le brouillard. D'autre part, dans la zone urbaine, il existe des obstacles tels que les constructions temporaires, les bâtiments adjacents, les grues, les véhicules et les lignes de câbles. Tous les types d'accessoires ne peuvent pas être incorporés dans un drone, de sorte que différents dispositifs externes doivent être mis en œuvre pour différents cas. Pour éliminer le danger des oiseaux, un système sonore spécial doit être mis en place pour effrayer les attaquants. Le problème des interférences de la pluie, du vent, de l'humidité et du brouillard ne peut être résolu qu'avec une solide structure de protection des composants, incorporant un système de propulsion hybride-électrique de plus grande puissance avec des hélices résistantes basées sur des matériaux composites. Les constructions temporaires et l'abondance d'obstacles peuvent être atténuées par des systèmes de contrôle d'approche des drones basés sur le LIDAR pour éviter les collisions. Un système de navigation alternatif, de préférence basé sur le RTK, devrait être mis en place ainsi qu'un second pilote automatique pour éviter toute défaillance électronique.

Il y a des éléments de construction qui doivent être analysés personnellement et dans des conditions extrêmes, l'un d'entre eux étant les sangles des ponts suspendus. Ces structures subissent des flexions et des compressions pour stabiliser le pont, subir des attaques environnementales et résister aux vents. Leur entretien est essentiel pour allonger la durée de fonctionnement du pont. Pour ce faire, il est nécessaire de visualiser l'usure sur toute la surface du pont et de surveiller les éventuels dommages. "Pour les structures spéciales telles que les ponts à haubans, les ponts suspendus, les ponts à arcs en tubes d'acier remplis de béton et autres, les outils de détection traditionnels ne peuvent pas être utilisés, mais peuvent seulement surveiller selon la forme originale de détection manuelle. En ce qui concerne la détection des ponts à haubans, il faut souvent grimper artificiellement sur le câble pour détecter les défauts. Dans ce type d'inspection, non seulement l'efficacité est faible, mais la difficulté et le coefficient de risque sont élevés. En outre, la précision de la détection est loin d'être suffisante. D'autre part, l'UAV a les caractéristiques d'un faible coût et d'une grande flexibilité opérationnelle, il est capable de transporter des équipements importants depuis les airs pour accomplir des tâches spéciales, il a une capacité de survie et une bonne mobilité, il est sûr et stable". (Hongxia et Qi, 2016, p.237)

Aujourd'hui, de nombreuses infrastructures qui ont une longue extension et servent de voie de circulation pour certaines marchandises sont surveillées par des avions et des hélicoptères équipés de caméras haute résolution. "De nombreuses infrastructures, telles que les lignes électriques, les pipelines, les routes ou les aqueducs, sont localement linéaires et sont inspectées par voie aérienne. Les pilotes d'hélicoptères prennent maintenant des images de ces infrastructures. Par exemple, l'Alyeska Pipeline Company effectue une surveillance aérienne du réseau de pipelines transatlantique au moins deux fois par mois à Hall. Mais les drones ont démontré leur capacité à inspecter les lignes de communication plus efficacement sans perdre la qualité de l'image. Un cas est la mesure du trafic des drones par les ministères des transports de l'Ohio et de la Floride. Leur mécanisme d'inspection utilisait des points de référence pour délimiter les zones de vol en fonction de la durée de vie des batteries. (Rathinam, Whan et Sengupta, 2008, p.52-53) Le plus grand problème des gazoducs et des oléoducs est celui des fuites et des déversements de matières contaminantes, ces phénomènes sont très fréquents car la construction est située dans des zones géographiquement difficiles. Ces zones peuvent être des déserts, des montagnes ou la jungle, dans ces cas il est préférable d'utiliser des drones avec des caméras hyperspectrales ou des scanners térahertz afin d'évaluer les conditions des pipelines qui sont couverts par le sol et la végétation. Il est également possible de visualiser les zones les plus touchées et d'identifier les changements à apporter.

Malheureusement, il est nécessaire de disposer de systèmes capables de surveiller à tout moment les lignes de transmission des sources de grande valeur tout en ayant un coût d'exploitation réduit. Trouver un défaut dans un système électrique permettrait d'économiser des milliers de dollars en temps de réparation puisque de nombreux utilisateurs ne seraient pas aussi lésés. Il en va de même pour d'autres services tels que l'eau et les égouts. Mais la principale industrie qui nécessite une surveillance est l'industrie pétrolière et autres. Non seulement les défaillances potentielles doivent être rapidement enregistrées, mais les informations doivent également être rapidement traitées et envoyées en temps réel aux responsables de la sécurité. "Il existe de nombreuses enquêtes qui portent sur le processus de traitement des informations obtenues par les drones lors des inspections de structures telles que les pipelines, les routes, les ponts, etc. La stratégie la plus classique est appelée surveillance avec retour visuel, qui se compose d'un algorithme de détection en temps réel pour diverses structures ainsi que d'un algorithme d'apprentissage rapide avec une supervision minimale. Lors des tests préliminaires de l'algorithme, des vidéos de routes et de canaux ont été utilisées, dans lesquelles il a été identifié que le principal inconvénient est le traitement des images image par image. Le système de surveillance peut ensuite être étendu en mettant en place un détecteur d'irrégularités qui déclencherait des alarmes lorsqu'il détecte un changement dans les données collectées. Avec cette variante automatisée mise en œuvre dans un drone, toute défaillance d'une grande infrastructure, comme le système de pipeline de l'Alaska, serait immédiatement prise en compte. Surtout si l'on considère les estimations du prix du pétrole, la fermeture de ce système de pipeline représenterait un impact économique d'un million de dollars par heure. (Rathinam, Whan et Sengupta, 2008, p.62)

Il est nécessaire d'utiliser des drones pour l'inspection continue des oléoducs car les accidents sont nombreux en raison des conditions géographiques dans lesquelles les oléoducs sont prolongés. "Les moyens actuels de surveillance des pipelines sont l'avion, l'hélicoptère, la voiture, la marche et il existe des combinaisons de tous ces moyens. Souvent, les compagnies pétrolières sous-traitent cette tâche à une tierce partie car elles ont besoin d'accéder à des données en temps réel pour des raisons de sécurité. La motivation de l'utilisation des drones réside dans le potentiel d'opérations plus sûres. Le nombre de morts est 40 à 50 fois plus élevé pour ces opérations que pour le trafic aérien civil normal. Les systèmes de surveillance actuels facturent 30 dollars par kilomètre inspecté. (Skinnemoen, 2014, p.18-19) Le principal inconvénient de l'inspection des pipelines de drones est la portée de vol et la durée de leur batterie. La solution la plus directe est celle des drones propulsés par des moteurs électriques hybrides, où l'énergie obtenue par combustion peut être transformée en énergie électrique pour être stockée dans des batteries. Une autre meilleure option consiste à obtenir de l'énergie grâce à des panneaux photovoltaïques et thermo-photovoltaïques implantés dans les ailes et les chambres de combustion. Cela peut permettre de gagner du temps pour recharger les batteries. De même, il est nécessaire d'augmenter la portée de la transmission pilote avec la mise en place d'un système satellitaire.

Figure 18 : Contexte de la surveillance des pipelines à l'aide de drones.

Les routes qui ne sont pas exemptes de l'usure causée par la circulation des véhicules et les facteurs climatiques constituent un autre itinéraire de transit de grande valeur. "L'évaluation de l'état des routes est une tâche fondamentale de la surveillance et de l'entretien des routes. La méthode prédominante pour mener de telles études et analyses est encore largement basée sur l'observation extensive sur le terrain par des évaluateurs expérimentés qui caractérisent la route à l'aide de manuels tels que l'indice d'état de la chaussée (IAC). Cette méthode est longue, exigeante en main-d'œuvre et pose des problèmes de sécurité, en particulier sur les routes à fort trafic. La tendance récente pour résoudre le problème est la mise en place d'un véhicule d'étude qui intègre plusieurs capteurs, collectant simultanément des images de la chaussée et d'autres données liées à la rugosité de la surface et à la profondeur de l'asphalte. Un rapport d'état détaillé et géoréférencé devrait également être produit, comprenant des évaluations PCI pour chaque segment de route. (Zhang et Elaksher, 2011, p.118) Le but est que toute l'analyse des informations soit faite par le drone grâce à un logiciel aéroporté. Le principal mécanisme de contrôle des irrégularités est la photogrammétrie et les photos obtenues permettent de créer un modèle tridimensionnel de la géométrie de la route. "Une approche efficace a été mise au point pour traiter les images acquises par les drones afin d'obtenir un modèle de surface de route en 3D entièrement automatique en utilisant la combinaison de la photogrammétrie numérique et des techniques de vision par ordinateur". (Zhang et Elaksher, 2011, p.123) En outre, des algorithmes de correction des points de contrôle et de contournement des éléments mobiles doivent être installés pour identifier les conditions routières correctes.

"Le système développé a été testé sur plusieurs routes rurales près de Brookings, dans le Dakota du Sud. Pendant la période d'acquisition des données, les routes ont montré des problèmes modérés tels que des nids de poule ou des ornières. Pour valider le système proposé, des inspections conventionnelles ont été menées sur toute la longueur de la route. Les images acquises sont ensuite analysées pour déterminer les paramètres d'orientation. Par la suite, les approches de reconstruction 3D développées sont appliquées pour générer des modèles 3D de nids de poule et d'ornières. Des images ortho-rectifiées sont également produites. Les mesures des défauts de surface sont effectuées à partir des modèles 3D et des ortho-images générés, et enfin le drone soumet le rapport de l'évaluation quantitative du système au moyen de marques de densité de défauts, de cônes de signalisation, de courbes de niveau et de mesures in situ". (Zhang et Elaksher, 2011, p.124) Ce système est plus idéal pour l'inspection des routes rurales ou non pavées car la pluie et le vent ont un plus grand pouvoir de modélisation sur la géographie de la route. De même, il peut être idéal pour inspecter les voies et les lignes de chemin de fer après une inondation. "La méthode de reconstruction 3D est capable de reproduire le modèle 3D des dommages de surface tels que les nids de poule, les fissures et les ornières, ce qui permet de mesurer précisément l'attribut géométrique en trois dimensions avec un ordinateur. La précision des mesures de longueur et de hauteur est d'environ 0,5 cm, ce qui indique une bonne performance du système. (Zhang et Elaksher, 2011, p.128)

L'automatisation des processus d'inspection et de surveillance souffrira toujours des désagréments du personnel humain qui les met en œuvre. Malgré l'existence de systèmes de pilotage automatique et de détecteurs de proximité, il n'existe toujours pas de mécanismes autonomes permettant aux drones d'effectuer des missions de vol de manière autonome. "La nécessité d'automatiser le fonctionnement autonome de l'UAV pour remplir ses missions est basée sur l'expérience professionnelle du Corps national italien des pompiers qui a participé à l'évaluation post-catastrophe en juillet 2012. C'est dans ce contexte que les deux grands tremblements de terre se sont produits dans la région d'Émilie-Romagne, au nord de l'Italie. La conclusion tirée après la mission est que l'opérateur de l'UAV et de l'UGV souffrait de surcharge cognitive, ce qui justifie des recherches dans le domaine de l'évaluation automatique des dommages et des systèmes de vol". (Erdelj et Natalizio, 2016, p.2) Malgré l'existence de méthodes d'affectation et d'acheminement des missions de vol, il n'existe pas encore de formes autonomes de collecte de données et de méthodes de décollage/atterrissage.

C'est dans ce type d'inspections que l'on ne sait pas ce qu'il adviendra des structures concernées, que les zones entourant les constructions sont encombrées de personnel de sauvetage et qu'il n'y a pas de sources de recharge d'énergie disponibles. C'est dans ce contexte que les drones peuvent remplir la fonction de surveillance structurelle par des mesures non destructives. "En général, l'idée d'utiliser le LIDAR a été adoptée pour un large éventail d'applications liées aux tremblements de terre. Parmi les exemples remarquables, citons les méthodes d'identification des bâtiments inclinés après le tremblement de terre d'Haïti, et la même approche a été adoptée pour coupler les données multispectrales avec le LIDAR afin de prévoir la vulnérabilité sismique des bâtiments. Un mécanisme a également été mis en place pour identifier automatiquement les bâtiments effondrés après un tremblement de terre au Japon en 2016. Il s'agissait d'une combinaison de scans LIDAR avant et après et de modèles numériques de surface. Une autre enquête s'est concentrée sur les dommages sismiques aux pipelines, où il a été conclu que les données LIDAR étaient plus fortement corrélées avec les dommages aux pipelines que les données satellitaires. Enfin, la Fondation nationale des sciences des États-Unis a financé l'acquisition de plusieurs unités LIDAR qui peuvent être utilisées sur une combinaison de plates-formes terrestres, mobiles et aéroportées pour un déploiement rapide après une catastrophe tant aux États-Unis qu'à l'étranger. (Laefer, 2020, p.13) Dans ces situations, un UAV à capteurs multiples peut être mis en œuvre pour surveiller la santé structurelle des bâtiments, informer les sauveteurs de la présence de survivants par imagerie térahertz et synchroniser les efforts logistiques de sauvetage. Ce drone hypothétique doit avoir une longue autonomie et être capable de transmettre les informations en temps réel. De la même manière, ce drone peut diriger une série de véhicules autonomes tels que des UGV ou des micro-véhicules aériens (MAV) pour la recherche de survivants au moyen de radars de pénétration du sol, de systèmes d'excavation intelligents à grande vitesse et de micro-caméras thermiques. Une autre idée consiste à mettre en œuvre un logiciel qui gère le niveau de dommages aux bâtiments et les classe ensuite par ordre de priorité et de risque pour les tâches de sauvetage. Ces informations sont ensuite adaptées aux tâches de démolition et de reconstruction.

D'autre part, les AVM peuvent déjà transporter des appareils sophistiqués tels que des caméras spectrales et ont également des capacités de recharge d'énergie lorsqu'ils sont placés dans des véhicules utilitaires légers. "Un exemple de simplification technologique est le développement de Cubert, qui a présenté en 2015 une caméra hyperspectrale de 500 grammes spécialement conçue pour les petits drones, à un prix substantiel de 54 000 dollars. Bien que ce ne fût pas la première caméra hyperspectrale à être montée sur des drones, elle pesait moins d'un dixième du poids de tout produit similaire disponible dans le commerce, ce qui lui permettait de bénéficier de l'explosion des petits drones. Depuis lors, Consumer Physics a introduit le SCIO, un capteur portable avec une bibliothèque préprogrammée de matériaux détectables, qui permet une utilisation sans traitement de données pour moins de 4 000 dollars. Bien que ses capacités de détection soient encore assez limitées, ce type d'appareil va certainement dans le sens d'une miniaturisation plus poussée et du développement éventuel d'un appareil qui pourrait être connecté à un smartphone. (Laefer, 2020, p.6) Actuellement, le système SCIO dispose d'options pour configurer les données à détecter et pour créer des applications de bibliothèque de matériaux pour un coût de 950 $. Avec ce type de dispositifs, nous pouvons mettre en œuvre des micro-véhicules aériens (MAV) pour la détection de matériaux dans des zones d'opération où un UAV conventionnel ne peut pas entrer.

Figure 19 : Système d'inspection par balayage hyperspectral où la composition matérielle de la cible peut être reconnue.

Pour réduire les délais d'inspection, les processus doivent être simplifiés, numérisés et transmis à l'opérateur pour une prise de décision urgente. Le système d'évaluation des données devrait être automatisé en deux étapes. La première étape devrait correspondre à la même UHV où les données enregistrées sont synthétisées et les caractéristiques de la structure évaluée sont identifiées. Dans un deuxième temps, les données prétraitées par le drone sont analysées dans un ordinateur où l'on peut visualiser les zones affectées ou usées, l'effort structurel et les éventuels ajustements à apporter. "À mesure que les ensembles de données sont devenus plus nombreux et plus volumineux, on constate une volonté croissante d'automatiser davantage les processus qui étaient auparavant partiellement automatisés et ceux qui ne l'étaient pas. Un exemple en est la documentation des ponts en acier, où des efforts ont été faits pour identifier automatiquement des sections d'acier spécifiques afin que plus tard, lors de la deuxième étape d'inspection, les ordinateurs remplissent la géométrie avec ces caractéristiques dans le système de gestion BIM". (Laefer, 2020, p.12)

Une autre source d'application des drones est l'inspection des toits des maisons. Les toits sont évalués pour de nombreuses fonctions, notamment la mise en place de systèmes de collecte des eaux de pluie pour l'irrigation ou la consommation humaine. Bien qu'il existe de multiples méthodes de filtrage, elles ne garantissent pas toujours la sécurité car elles se concentrent surtout sur l'élimination de la saleté. Mais il existe de nombreux risques toxiques lorsque l'eau traverse le toit et entre en contact avec sa surface, les parties atomiques et moléculaires des matériaux de construction du toit ne peuvent pas filtrer et peuvent donc charger l'eau. Il y a également le risque d'imprégnation de contaminants externes tels que les pesticides et les engrais pulvérisés typiques d'un contexte rural ainsi que les oxydes nitreux, le monoxyde de carbone et les hydrocarbures imbrûlés caractéristiques de la zone urbaine. En général, de nombreux types de polluants des eaux de toiture ont été signalés, notamment l'arsenic, le cadmium, le chrome, le cuivre, le plomb, le nickel, le zinc, les biocides, les nonylphénols et les thiocyanates. L'usure des toits en amiante-ciment et des tôles de fer galvanisé entraîne des charges de zinc élevées. Une toiture métallique comme la calamine apporte des contaminants tels que le magnésium, le chlorure, le sulfate et l'ammonium. Un autre aspect est la libération d'ions métalliques après l'intervention de la chaleur, du soleil et de l'humidité de l'environnement, qui sont des conditions typiques des zones côtières.

Les conséquences de l'exposition à l'eau de pluie contaminée par l'homme sont à l'origine de nombreux types de cancer tels que le mésothéliome pleural, le cancer du poumon, le cancer du pancréas, la leucémie, le cancer de l'estomac et le cancer du larynx. De la même manière, des intoxications et des allergies aux symptômes variés sont produites. C'est à partir de cette problématique que nous cherchons à identifier les bâtiments idéaux pour la mise en place de systèmes de collecte des eaux de pluie. Les méthodes traditionnelles impliquent des images spectrales prises par des satellites, des images conventionnelles RBG et LIDAR toutes deux prises par des drones, l'objectif final est d'identifier les matériaux qui composent le toit, leur pourcentage d'implication dans la structure et leur emplacement. "La capacité de la télédétection à détecter les toits, leurs matériaux et les conditions de surface a été explorée par la télédétection passive et active. L'avancement de la technologie de télédétection à partir des images satellites QuickBird, WorldView-2 (WV2) et WorldView-3 (WV3), par exemple, permet d'obtenir des informations détaillées sur les toits en utilisant des capteurs à très haute résolution (VHR) pour contrôler l'étanchéité. De même, les indices spectraux permettant d'identifier l'état du matériau, connus sous le nom d'indice de référence normalisé de l'état du béton (NDCCI) et la différence normalisée de l'indice de référence de l'état du métal (NDMCI) doivent être obtenus en utilisant la spectroscopie de terrain et les données du satellite WV3. Il faut ensuite intégrer les données des satellites multispectraux de spectroscopie de terrain et de télédétection pour produire des cartes de l'état de dégradation des matériaux du plafond. Cependant, les indices spectraux qui ont été développés ne sont disponibles que pour l'état du béton et du métal. (Norman et al., 2020, p.4-5) Les coordonnées seront le lien permettant de relier les données des images RBG, LIDAR et spectrales pour la génération d'un modèle 3D incluant les données géométriques, les types de matériaux et les dégradations des matériaux.

"WV2 et le modèle numérique de surface standardisé (NDSM) dérivé des données LIDAR ont été combinés pour classer les cibles intra-urbaines par analyse d'image basée sur l'objet (OBIA). Cela a permis d'identifier les plafonds en amiante/béton de couleur foncée, les plafonds en béton de couleur moyenne, les plafonds métalliques et les plafonds en polycarbonate. En outre, les images satellites et les données LIDAR ont été fusionnées grâce à plusieurs étapes d'auto-apprentissage des classificateurs pour caractériser avec précision les toits des bâtiments. (Norman et al., 2020, p.5) "En outre, des paramètres de segmentation optimale tels que l'échelle, la forme et la compacité peuvent être inclus pour améliorer la qualité de la segmentation pour les conditions de la surface du toit (ancien béton, nouveau béton, ancien métal, nouveau métal, ancien amiante et nouvel amiante). L'analyse de la classification inclut également les résultats de la machine à vecteurs de support (SVM) et de l'arbre de décision (DT) pour mettre en évidence les améliorations apportées par OBIA". (Norman et al., 2020, p.5)

Figure 20 : Systèmes d'inspection des toits pour valider leur utilisation pour le système d'eau du toit.

Dans de nombreux cas, il est impossible de mettre en œuvre plusieurs capteurs dans un drone, mais il est encore plus difficile d'intégrer tous ces capteurs sur une seule carte électronique sans compromettre les limites de la charge utile du drone, une capacité accrue de collecte de données nécessite des cartes mémoire plus grandes et dans de nombreux cas, des disques durs spacieux sont nécessaires. La division du travail est la seule solution, pour cela il est nécessaire de développer une méthode d'inspection pour les multiples drones. "Une grande variété de types de dommages se produisent dans les bâtiments qui ne sont pas détectables avec un seul type de capteur. Dans le cadre du projet ADFEX, un système adaptatif peu coûteux composé de trois robots volants et d'une station au sol a été développé à cet effet. L'objectif est de développer une alternative flexible et efficace en termes de temps pour le balayage des objets, la surveillance des objets et la détection des dommages. Les trois robots sont équipés de capteurs standard pour la navigation et la détection d'obstacles (GNSS, IMU, capteurs à ultrasons, caméras de navigation), ainsi que de capteurs spéciaux (scanner laser, caméra haute résolution, caméra proche infrarouge, caméra thermique) pour l'acquisition de données, qui sont répartis sur les trois plateformes. Cette approche offre l'avantage d'une plus grande souplesse opérationnelle dans la planification et l'exécution des missions. En détail, les plates-formes auront un poids plus faible, une durée de vol plus longue et le capteur requis pourra être utilisé à des points spécifiques de dommages sur une carte fournie. Dans un premier temps, la zone inconnue sera explorée par l'UAV n°1 équipé d'un télémètre à balayage laser. Le nuage de points 3D géoréférencés approximatif qui en résulte est bien adapté à la planification de la prochaine mission ainsi qu'à une carte des obstacles. Par la suite, l'acquisition de données avec la caméra RGB, proche infrarouge et thermique montée sur les drones n°2 et n°3 sera effectuée. En traitant ces données, il est possible de générer des nuages de points 3D denses et précis avec des attributs multispectraux, une inspection visuelle basée sur des images géoréférencées et la création d'une carte des dommages. (Mader et al., 2016, p.1135-1136) Les données obtenues par les caméras spectrales ont un poids de calcul élevé d'environ 100 Go selon le cas, en outre, les images thermiques et RBG haute résolution accumulent 30 à 50 Go selon le cas.

Dans de nombreuses expériences et exemples d'inspection complète de bâtiments, des capteurs et des caméras de faible poids ont été utilisés. "L'un des capteurs de barre de caméra multispectrale montés sur UAV les plus utilisés présente les caractéristiques suivantes : Mako G-419C (RGB), capteur CMOS et résolution de 2048 × 2048 pixels. La taille des pixels est de 5,5 µm, les dimensions globales de l'appareil sont de 60,5 mm × 29 mm × 29 mm et il pèse 80 grammes. Un autre capteur est le Mako G-223NIR de type CMOS et d'une résolution de 2048 × 1088 pixels. Il a une taille de pixel de 5,5 µm, des dimensions de 60,5 mm × 29 mm × 29 mm et pèse 80 grammes. Le FLIR A65 est un capteur micro bolométrique non refroidi d'une résolution de 640 × 512 pixels, d'une taille de 17 µm, de dimensions 106 mm × 40 mm × 43 mm et d'un poids de 200 grammes. (Mader et al., 2016, p.1137) En général, chaque bâtiment doit être évalué pour les ventes et les négociations, de la même manière que des inspections sont nécessaires à la fin de sa durée de vie théorique ou pour les futures constructions secondaires supplémentaires. Le plus important est d'analyser le béton et la présence de trous dans celui-ci, l'apparition d'eau, de fissures, la présence d'humidité et de traces salines, de traces de rouille ou de dommages mécaniques. Une autre application de l'évaluation structurelle correspond aux questions liées aux réclamations pour dommages matériels. De nombreux accidents ou phénomènes naturels endommagent aujourd'hui les constructions, et il faut calculer le coût des matériaux touchés.

Dans le cadre d'une enquête, ces capteurs ont été intégrés à un groupe de drones pour l'illustration de la surveillance d'un bâtiment. “Les trois robots volants sont de construction identique. Le type de drone à utiliser est le CADMIC Goliath Coax 8 qui possède quatre bras avec chacun deux rotors montés de manière coaxiale. La configuration de base des capteurs de chaque robot comprend un récepteur GNSS monofréquence u-blox LEA-6T, un module IMU ADIS16407 et deux caméras à objectif fisheye, qui sont orientées vers le haut et le bas pour déterminer la position et l'orientation du drone via un affichage visuel. Il intègre également un système de navigation SLAM. De plus, des capteurs ultrasoniques intégrés permettent de détecter les obstacles jusqu'à environ 6 m autour de la pieuvre.

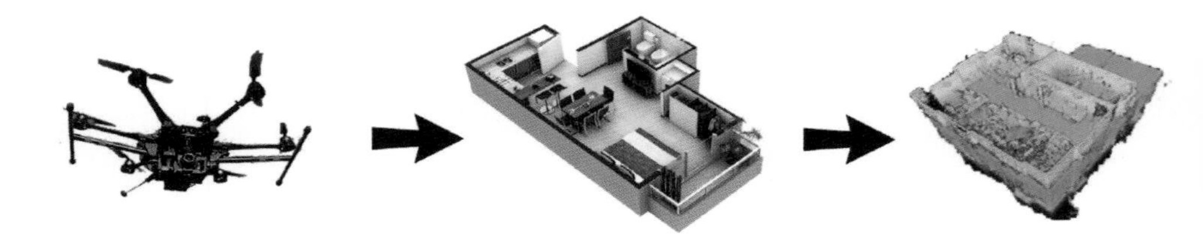

Figure 21 : Méthode de visualisation de l'environnement utilisant le SLAM.

Le premier UAV est équipé du télémètre laser à balayage à faible coût (LSRF) Hokuyo UTM-30LX-EW, qui fonctionne selon le principe du temps de vol et mesure des distances dans une plage de 0,1 m à 30 m avec une précision de 30 à 50 millimètres, donnée par le fabricant. Le LSRF capture 1080 distances dans un plan pendant 1/40 s avec une résolution angulaire de 0,25 degrés, ce qui donne un champ de vision total de 270 degrés. Les propriétés importantes sont le faible poids de 210 g et la taille compacte (62 mm × 62 mm × 87,5 mm) idéale pour une utilisation dans les drones.

La caméra RVB Prosilica GT3300C d'Allied Vision Technologies est équipée d'un capteur CCD de 3296×2472 pixels et d'une taille de pixel de 5,5 μm. Avec 14,7 images enregistrées par seconde, la haute résolution des images est garantie. Les dimensions du corps de l'appareil photo sont de 121 mm × 59,7 mm × 59,7 mm et le poids est de 314 g.

Le système de caméra multispectral se compose de la caméra RGB Mako G-419C, de la caméra proche infrarouge Mako G-223NIR et de la caméra thermique FLIR A65, toutes fixées rigidement sur une barre. Toutes les caméras sont de taille compacte et légères, de sorte que l'intégration de la barre de caméra ne pose pas de problème. (Mader et al., 2016, p.1137)

"En général, la plupart des types de dommages ou de caractéristiques d'étude peuvent être détectés à l'aide de données d'images RVB. Des fissures et des fractures dans le revêtement ou dans le béton lui-même peuvent être le signe d'un tassement du bâtiment. Dans ce cas, une mesure multitemporelle de la largeur de la fissure est nécessaire pour éviter les problèmes de statique. La distinction entre la contamination de la surface par des matières étrangères et le couvert végétal tel que la mousse présente un défi dans les données d'images RVB. La caméra proche infrarouge est donc utilisée pour l'identification de la végétation vivante. Dans cette caméra infrarouge, la végétation semble brillante en raison de sa forte réflectance dans le spectre infrarouge proche. De ce fait, la végétation peut être mieux identifiée. Grâce à l'utilisation de paramètres de rapport de bande en fonction des canaux de la caméra, la végétation ou d'autres propriétés seront plus visibles.

Certains défauts de construction deviennent visibles en raison des différences de température à la surface du bâtiment. Les fissures contenant de l'eau ou des points humides, causées par un système de drainage défectueux, ont une température différente de celle de la surface sèche environnante et peuvent être détectées dans les données d'imagerie thermique infrarouge. Un autre dommage est le remplacement du revêtement de surface du bâtiment, cet effet n'est pas visible sur les images RVB mais provoque des différences de température qui sont visibles sous forme de points lumineux dans les données thermiques. (Mader et al., 2016, p.1139-1140) Les sels et les imprégnations de la pollution environnementale sont visibles au moyen d'une caméra infrarouge et représentent une zone d'affaiblissement ou de corrosion du béton. Toutes les informations peuvent être accompagnées d'animations tridimensionnelles des dommages enregistrés, d'orthophotos de RBG et d'images thermiques créées avec le logiciel Agisoft PhotoScan, inclure des examens antérieurs pour créer des vidéos du degré de détérioration de la construction en fonction du temps et introduire des algorithmes pour estimer les coûts de réparation.

Il existe des constructions qui nécessitent une procédure spéciale pour les construire, les inspecter et les réparer. C'est l'une des causes du taux de mortalité le plus élevé de l'histoire de la construction civile. Les tunnels représentent toujours un danger en raison du manque d'éclairage, de la présence d'accidents géologiques, de la présence d'une végétation et d'une zoologie dangereuses, du manque d'air et des émissions de gaz toxiques. "En raison du vieillissement, de la charge continue et d'autres facteurs environnementaux, les structures des tunnels se détériorent avec le temps, ce qui réduit la sécurité de ces infrastructures. C'est pourquoi une inspection régulière du tunnel est nécessaire pour identifier les défauts à un stade précoce et pour effectuer l'entretien nécessaire. Les méthodes traditionnelles comprennent l'inspection manuelle par observation visuelle et la mesure à l'aide d'appareils géodésiques. Pour améliorer l'inspection en termes d'efficacité, de sécurité du personnel et d'objectivité des enquêtes, l'automatisation de ces inspections suscite un intérêt croissant. (Attard et al., 2018, p.187) Même avec la présence d'instruments, il est difficile d'enregistrer toute la surface du tunnel, en particulier dans les zones de haute altitude. Les grands tunnels nécessitent des dizaines d'inspecteurs pour leur évaluation, mais il faut plusieurs jours pour trouver les défauts et dans la plupart des cas, ils sont généralement analysés de manière subjective.

"Actuellement, l'inspection des tunnels structurels se fait principalement par des observations visuelles régulières effectuées par des inspecteurs qualifiés. Leur objectif est de détecter les défauts structurels tels que les fissures, l'écaillage et les fuites d'eau, ainsi que d'identifier les éventuels changements dans l'infrastructure par rapport à une étude précédente. Il est important que ces inspections soient effectuées sans créer d'effet négatif sur la structure elle-

même. Par conséquent, les méthodes de contrôle non destructif (ND) sont couramment utilisées en plus des méthodes destructives. Les méthodes de ND peuvent être divisées en méthodes d'observation visuelle, sonique et ultrasonique, électrique, thermographique, radar et endoscopique, chacune nécessitant un équipement spécifique. Pour mettre en œuvre de telles méthodes, il est souvent nécessaire aujourd'hui que le personnel soit physiquement présent dans le tunnel et se déplace avec l'équipement. Cette approche présente plusieurs inconvénients, notamment le coût de l'embauche et de la formation du personnel chargé d'effectuer les inspections, en plus du temps considérable nécessaire à leur réalisation. (Attard et al., 2018, p.180) Cette procédure devrait être automatisée grâce à un algorithme de fonctionnement impliquant un véhicule autonome et les bons capteurs pour obtenir les données du tunnel.

L'une des structures les plus difficiles à surveiller, même avec des robots, sont les tunnels et les mines en raison de leur géographie complexe, de l'obscurité et des pertes économiques après la cessation des activités dans celle-ci. "La reconstruction de tunnels inaccessibles à l'aide d'un drone permet aux experts d'inspecter à distance l'intégrité structurelle et les conditions physiques du tunnel. Dans cette application, il existe plusieurs défis et limitations qui restreignent la conception de la configuration de l'image du drone et qui, par conséquent, présentent des défis pour les algorithmes SfM traditionnels (VisualSfM, Agisoft PhotoScan). L'approche basée sur le SLAM échoue complètement en raison de l'important mouvement de rotation de la caméra. En outre, les techniques basées sur la SfM donnent des résultats inférieurs à la moyenne car elles ne disposent que d'un nombre extrêmement limité d'images. En fait, nous ne pouvons pas nous permettre d'écarter une seule image, car cela entraînerait la perte d'informations en 3D du tunnel. Les solutions les plus courantes idéalisent l'utilisation de drones lourds de 30 kilos conçus spécifiquement pour cette tâche et comprennent la capacité de transporter plusieurs sources de lumière, des caméras et un LIDAR. Il en résulte un drone lourd et coûteux. En raison des précautions de sécurité et de la taille limitée de la section transversale des canalisations d'égout, des tunnels routiers/ferroviaires ou des mines, nous ne pouvons pas utiliser un LIDAR ou un gros et encombrant drone. (Singh et al., 2019, p.1) Des méthodes d'inspection simplifiées devraient être mises en œuvre avec la possibilité d'enregistrer tout le contour intérieur des tunnels sans perturber la stabilité du vol déjà cartographiée sans couverture GPS. Seules les images RBG sont disponibles car les autres types de capteurs auraient besoin de supports et d'aides supplémentaires pour fonctionner correctement. Il n'est pas possible d'utiliser les coordonnées et autres systèmes de localisation, la seule option est la représentation par animation informatique.

Il existe un autre type de tunnel situé dans la zone urbaine dont on connaît déjà les conditions géométriques et le contexte de son exploitation. "La croissance rapide de la ville urbaine et de la construction souterraine a entraîné des problèmes dans l'aménagement de l'espace souterrain pour divers services publics tels que les conduites et les câbles essentiels. La population croissante a de nouvelles demandes pour divers services, ce qui rend le dédale de tuyaux et de câbles souterrains encore plus complexe. Le tunnel de service est un tunnel souterrain qui comprend l'électricité, l'eau, les communications, les lignes de chauffage, le gaz et d'autres services publics. Il est présenté comme une solution utile et durable pour les villes à fort taux de croissance, qui sont destinées à devenir des villes intelligentes automatisées. Le tunnel de service permet l'installation, l'entretien et l'enlèvement des lignes de services publics et évite les coupes ou les excavations dans les rues. En attendant, il évite également le tracé des anciennes canalisations souterraines. (Chan et al., 2018, p.263) Afin de parvenir à l'automatisation des inspections, les supports d'information sur la conception doivent être déjà numérisés. Cette fonction est représentée par le système BIM de la construction du tunnel, à partir duquel les systèmes de surveillance peuvent être programmés avec des robots dont les informations sont déjà numérisées et peuvent être compilées dans l'historique de la surveillance dans le BIM. "Les systèmes informatisés de gestion de la maintenance (GMAO) aident les opérateurs à effectuer la planification, l'exécution, l'évaluation et l'amélioration de la maintenance. Il a été prouvé qu'ils offrent de nombreux avantages tels que l'augmentation de la productivité, la réduction des coûts et l'utilisation efficace des actifs. Cependant, le GMAO n'est pas facile à utiliser car il ne fournit pas une interface facile à comprendre, à visualiser les actifs connexes et à relier les activités à d'autres systèmes de gestion des installations, comme l'acquisition de données de surveillance. Comme les tunnels de services publics sont situés sous terre et que les entrées sont étroites. Les installations qui s'y trouvent sont immenses et réparties en trois dimensions. La visualisation bidimensionnelle ne peut pas répondre aux besoins de la gestion de la maintenance. La demande de visualisation 3D des tunnels de services publics est donc importante. La visualisation 3D aide les responsables de la maintenance à se rendre compte de l'environnement et des objets du tunnel de service, elle facilite également une meilleure prise de décision. Les données de surveillance permettent aux gestionnaires de mieux comprendre l'état opérationnel actuel du tunnel de service, de détecter et de traiter immédiatement les défaillances des équipements. (Chan et al., 2018, p.263-264)

"Building Information Modeling" (BIM) est une plate-forme d'échange d'informations qui contient des informations détaillées sur les installations et les équipements. Le système d'information géographique (SIG) est un système informatique permettant de saisir, stocker, consulter, analyser et afficher des données géographiques. Bien que les chercheurs et les experts utilisent la BIM, le GIS (ou le GIS 3D) pour établir un système de maintenance des tunnels, un cadre intégré BIM et GIS 3D est rarement proposé pour la gestion de la maintenance des tunnels utilitaires. Les tendances futures indiquent que l'intégration de la BIM et du SIG 3D aura des avantages en matière de visualisation, d'abondance des données, d'interprétation des installations de grande surface. Les demandes de visualisation et d'interopérabilité des données ci-dessus peuvent également être satisfaites par le cadre BIM et SIG 3D. Ils constituent également une source d'information pour le système de gestion de la maintenance et sont utilisés en dernier ressort comme plateforme de visualisation virtuelle. (Chan et al., 2018, p.264)

Les constructions du futur couvriront à la fois l'espace aérien et le sous-sol avec un degré de sophistication plus élevé. Aujourd'hui, de plus en plus de chercheurs tentent de combiner BIM et SIG pour numériser et comprimer les informations multidimensionnelles générales d'une construction. Le SIG se concentre sur la forme des bâtiments, leur localisation spatiale et la visualisation de tous les éléments de construction d'un point de vue géographique, tandis que le BIM se concentre davantage sur les éléments de construction détaillés et les informations sur les projets d'un point de vue architectural/construction. Pour mettre à jour les données dans le tunnel de service et pour détecter les dangers dans son fonctionnement, des capteurs externes implantés dans un robot sont nécessaires. Mais avant de pouvoir établir un plan d'opération, vous devez d'abord définir correctement le contexte de l'opération. "Tout d'abord, le modèle BIM pour la conception et la construction sera vérifié/contrôlé en même temps que le dessin de construction conventionnel en 2D afin de déterminer si le modèle BIM est cohérent avec le tunnel de service construit. Après avoir vérifié et ajouté des informations sur les attributs, tels que les fournisseurs d'équipements et le numéro de série des équipements, un modèle BIM intégré sera créé. Le modèle BIM construit doit inclure le modèle structurel du tunnel d'utilité, les modèles des conduites et des équipements, ainsi que le modèle des capteurs et des dispositifs mis en œuvre dans les réseaux de conduites pour la surveillance du trafic de matériaux. Le modèle BIM construit nécessite un niveau de détail élevé pour pouvoir afficher et interroger les attributs des éléments du système de gestion de la maintenance". (Chan et al., 2018, p.265) Par la suite, les coordonnées d'orientation géographique et spatiale doivent être mises en œuvre avec un SIG 3D. Le modèle SIG 3D de ce système contient principalement des informations topographiques et de coordonnées ainsi que des informations sur les bâtiments environnants. C'est là qu'intervient la première participation d'un drone à l'enregistrement d'informations provenant de la zone environnante. La source des informations sur le terrain et les coordonnées est la base de données du service cartographique. Les informations du modèle de bâtiment environnant peuvent être obtenues par photogrammétrie oblique basée sur des drones.

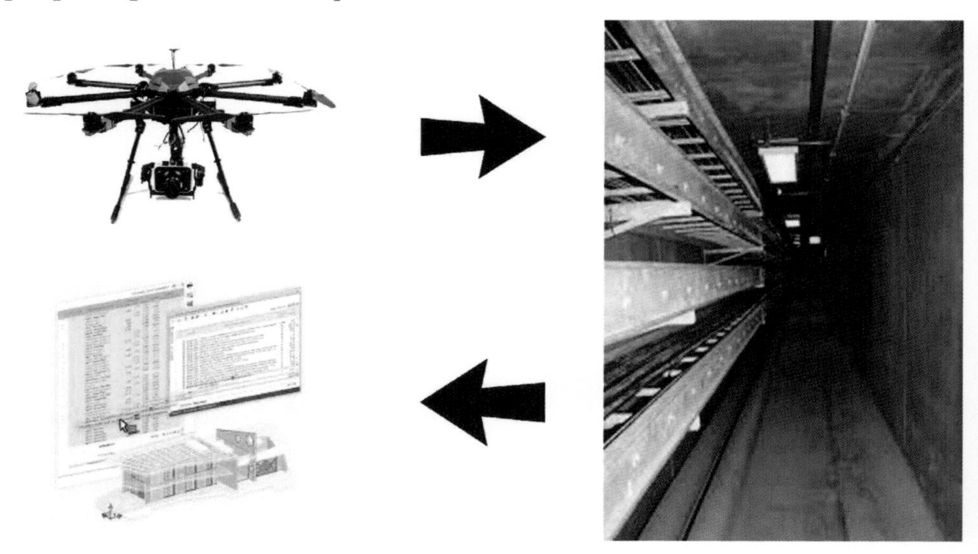

Figure 22 : Modèle de conversion d'un tunnel d'utilité d'un modèle physique à un modèle numérisé en utilisant un drone et le BIM-GIS 3D.

Ce système a déjà été utilisé dans de grandes villes chinoises. "Un exemple était un projet pratique de tunnel utilitaire en Chine. Le kilométrage du tunnel de service construit est de 50,57 km. Dans le tunnel de service, il y a des tuyaux électriques, des tuyaux de chauffage, des tuyaux d'alimentation en eau, des câbles de communication, des câbles de radio et de télévision, des tuyaux d'égout et des tuyaux de gaz. La construction de ce tunnel utilitaire a commencé en 2014 et a été achevée et mise en service en 2017. Le système d'automatisation industrielle de ce projet de tunnel de service comprend des équipements et des capteurs. Les équipements tels que les pompes de drainage, les ventilateurs et les couvercles de trou d'homme jouent un rôle dans le fonctionnement du tunnel de service et transmettent en même temps les données enregistrées. Par exemple, les pompes de drainage indiquent le débit. Les ventilateurs d'écoulement et d'évacuation indiquent la vitesse de rotation actuelle. Les capteurs transmettent des données de surveillance pertinentes telles que la température, l'humidité, la concentration de dioxyde de carbone et la fumée, etc. Dans ce projet, le tunnel de service est divisé en plusieurs sections, chacune avec un ensemble d'équipements et de capteurs. Différentes parties des appareils et des capteurs forment un réseau de surveillance dynamique des données qui est contrôlé par un système d'automatisation industrielle. Les données de chaque appareil ou capteur sont accessibles via l'IP intranet unique. Les principaux problèmes auxquels est confronté le responsable de la maintenance sont résumés ci-dessous, en premier lieu le grand nombre de personnel et d'équipements à exploiter. Ensuite, il y a la difficulté d'organiser et de gérer les documents papier, de la même manière qu'il y a des problèmes de suivi en temps réel. La GMAO existante ne peut pas répondre aux besoins de gestion du service public du tunnel. Enfin, il n'y a presque pas de visualisation des tunnels souterrains de services publics, en particulier dans les zones de conduits de tunnels où il n'y a pas de points de contrôle. (Chan et al., 2018, p.270) "Cette étude crée un modèle BIM du tunnel d'utilité qui est ensuite devenu une source de données pour la base de données d'informations sur les installations et les équipements. Au cours du processus de modélisation, les informations propriétaires relatives à l'appareil ou au pipeline correspondant sont ajoutées au modèle BIM selon le document de gestion de la maintenance. Bien que les capteurs ne figurent pas sur les plans de conception et de construction, ils doivent encore être modélisés et numérotés pour pouvoir relier les données de surveillance ultérieurement. Cette étude permet d'obtenir des données pertinentes de modèles numériques de terrain (MNT) par le biais de la base de données publique nationale et d'établir le modèle de terrain dans un modèle SIG 3D. Une autre référence du milieu environnant est également disponible grâce à la cartographie par photogrammétrie oblique basée sur les drones. Après avoir complété chaque modèle, les données géométriques du modèle BIM et du modèle SIG 3D sont exportées par le biais du format FBX, les données d'attributs sont exportées vers la base de données d'attributs". (Chan et al., 2018, p.270-271) Cela fournit un système multidimensionnel virtuel de la zone d'inspection où seuls les protocoles d'inspection doivent être mis en œuvre numériquement. Le système de gestion de la maintenance basé sur le Web est écrit en HTML, ainsi qu'en JavaScript pour la liaison avec la base de données. La plateforme de visualisation BIM-3DGIS, la fonction de lien entre le modèle 3D et l'écran de gestion sont écrits en langage C#.

Les avantages de ce système intégré d'inspection BIM - SIG 3D se manifestent dans les processus d'inspection de type périodique et correctif. Le responsable de la maintenance sera en mesure d'exploiter virtuellement le contexte de l'opération afin que les domaines d'évaluation les plus importants puissent être facilement identifiés. Ces informations sont partagées avec l'opérateur pour le guider dans son inspection, toute mise à jour de l'état du tunnel peut être transmise entre les deux parties et d'éventuelles données inhabituelles à l'intérieur du tunnel qui ne peuvent être enregistrées par les capteurs peuvent être identifiées. Rappelons que cette variante de l'inspection est purement préventive. Cependant, lors des séances de correction, la visualisation et la localisation exacte des données inhabituelles sont nécessaires pour obtenir un diagnostic du problème. La connaissance de la situation est donnée au personnel d'entretien pour leur incursion dans le tunnel, toutes les actions effectuées dans les réparations sont mises en œuvre par l'administrateur au système numérique intégré BIM - GIS 3D. Avec toutes ces informations, il est possible de créer un modèle de l'historique des réparations qui peut servir de référence pour l'amélioration de la construction des tunnels de service.

Une autre idée pour automatiser davantage le processus d'inspection périodique est l'utilisation de petits drones et de micro-véhicules aériens (MAV) ayant une capacité de vol régulier. Les recherches périodiques sont souvent fastidieuses, surtout dans les tunnels de grande longueur. Les drones ont été utilisés pour l'évaluation de machines telles que des chaudières et des thermoélectriques dans des contextes de fonctionnement très similaires. Dans les deux cas, nous avons la présence de structures ou d'éléments métalliques qui pourraient interférer avec les signaux et les capteurs électromagnétiques, des contextes de faible visibilité, l'inaccessibilité du GPS et des conditions de haute pression/température. La solution la plus classique pour cette mission est d'incorporer une MVA équipée d'un capteur intégré de localisation et de modélisation visuelles-inertielles (SLAM). Dans ce travail, une caméra stéréo frontale et un IMU sont utilisés pour estimer la position du véhicule et pour naviguer dans l'espace opérationnel en suivant une trajectoire de référence. Comme les caractéristiques de l'environnement sont connues au moyen du BIM - SIG 3D, la route de navigation peut être tracée et transcrite sur la carte électronique de

l'UAV afin que l'IMU interprète les codes se terminant par l'exécution du vol programmé.

Nous avons essayé de vendre l'idée à différentes entreprises de construction et certaines d'entre elles ont rencontré des problèmes d'adaptabilité à un certain stade de l'évaluation. "Tous les participants pensent que les technologies BIM et SIG 3D sont nécessaires dans la gestion de la maintenance des tunnels du service public. Des avis positifs ont été émis sur la faisabilité du cadre d'intégration proposé. La fonction de visualisation développée dans ce système prototype rencontre également l'approbation des participants. L'enquête montre que le système prototype peut améliorer l'efficacité de la maintenance, réduire les coûts d'exploitation et aider l'entreprise à obtenir un taux d'évaluation des performances plus élevé. Peu de participants expriment des inquiétudes quant au processus de mise en œuvre de l'intégration du système prototype dans la gestion de la maintenance traditionnelle. Parce que le processus de mise en œuvre nécessite une formation adéquate et une sensibilisation des employés à la résolution des problèmes par les technologies de l'information. De nombreux participants s'intéressent aux informations fournies par le système prototype en cas de défaillance. Ils suggèrent que le système prototype ne devrait pas seulement fournir des informations sur l'équipement, mais aussi des suggestions de réparation basées sur des cas historiques enregistrés. (Chan et al., 2018, p.272) A l'avenir, des algorithmes d'apprentissage peuvent être mis en œuvre sur la base de l'historique des logs, et comme dans le cas du chapitre sur la gestion du site, l'algorithme fournit des suggestions au gestionnaire sur les stratégies de maintenance et de réparation dans le tunnel.

L'application suivante des drones à l'industrie de la construction civile est liée à l'évaluation de l'état d'un vieux pont construit avec des matériaux rustiques du 19e ou 20e siècle. Beaucoup de ces constructions sont typiques des pays sous-développés et du contexte rural, certaines d'entre elles sont considérées comme un patrimoine historique qui doit être préservé en tant qu'attraction touristique et voie de communication. Comme ils ont le statut de matériel historique, un soin particulier doit être apporté à l'inspection de l'état sanitaire des structures, et la priorité doit être donnée aux méthodes d'inspection non destructives qui sont rapides à mettre en œuvre. L'exemple le plus courant de ce type de construction est l'Italie, qui possède encore des dizaines de ponts datant de l'époque médiévale et romaine. "Les recherches à Ponte Lucano (Italie) ont été menées en utilisant des techniques totalement non destructives, telles que la photogrammétrie 3D des drones, la thermographie infrarouge (IRT)

et le radar à pénétration de sol (GPR). Plus précisément, on considère que la photogrammétrie 3D des drones améliore la quantité d'informations fournies par les inspections visuelles, qui représentent la méthode standard d'évaluation de l'état de maintenance d'une structure artificielle. En outre, comme le pont est affecté par des risques hydrogéologiques dus à la crue de l'Aniene, l'IRT et le GPR sont considérés comme des technologies complémentaires utiles pour obtenir des informations sur les caractéristiques structurelles de surface et souterraines. La thermographie infrarouge et la GPR fonctionnent en fait en synergie. Les inspections thermographiques donnent tout d'abord des informations sur la température de surface, dans certains cas liées à la texture et/ou à la dégradation du matériau. Alors que le GPR étudie la composition structurelle du sous-sol et obtient ainsi des images des couches de matériaux et des anomalies cachées". (Biscarini et al., 2020, p.2) Il devrait être clair que le principal type de dommage aux structures des vieux ponts est l'usure structurelle causée par une attaque environnementale. L'effet dégénératif des matériaux est encore plus important dans les structures submergées en raison de la présence de flux changeants, de l'érosion et de l'expansion de la végétation aquatique. La prédiction précoce des déficiences statiques et structurelles peut prévenir les accidents, et des méthodes de conservation appropriées peuvent être programmées pour éviter l'effondrement.

Figure 23 : Système de surveillance de la structure du pont, balayage du haut et du bas par l'orientation de la caméra avec le cardan.

"Quant aux applications sur des matériaux dégradés, si aucun chauffage n'est appliqué, les différences de distributions thermiques peuvent être associées à la présence d'anomalies dans la composition des matériaux, qui dans certains cas sont liées à des pathologies des matériaux et des structures. L'analyse est strictement liée aux températures du corps et au flux de chaleur qui les traverse. Il est généralement recommandé, dans le cas de structures et d'infrastructures civiles, de mener l'enquête dans différentes conditions environnementales, avec ou sans rayonnement solaire direct. et à différents moments de la journée.

Les différences de température de surface peuvent également être utiles pour révéler la présence de vides et d'interstices enterrés qui ne sont pas visibles par inspection optique. (Biscarini et al., 2020, p.5) La photogrammétrie aérienne pour la reconstruction 3D n'est qu'un outil de visualisation initiale de la structure qui n'est pas entièrement spécialisé dans l'identification des fissures. Ce facteur dépend de la résolution des images capturées et du niveau de traitement du nuage de points. Grâce à la thermographie infrarouge, nous pouvons mieux inspecter les zones critiques observées dans l'orthophoto et confirmer l'existence de vides internes.

"La GPR est une technologie de détection active qui exploite la capacité des micro-ondes à pénétrer les matériaux non métalliques pour réaliser des études non invasives consacrées à la détection et à la localisation de cibles cachées, telles que les interfaces de matériaux souterraines. Comme pour tout radar classique, un signal électromagnétique est émis dans le contexte à évaluer, et lorsque l'onde radar frappe une cible, une partie de l'énergie est réfléchie/dispersée et captée par le récepteur radar avec un retard par rapport au signal émis. Le résultat d'un levé GPR est une image, appelée radargramme, qui fournit une représentation codée du scénario étudié, dans lequel les objets localisés apparaissent comme des hyperboles tandis que les interfaces matérielles sont des réflexions constantes du signal le long de la ligne de balayage. En outre, le radargramme est affecté par des éléments indésirables, tels que le signal dû au couplage direct entre les antennes, le bruit de mesure et le fouillis, qui peuvent affecter son contenu informatif. Afin d'améliorer la visibilité des cibles et donc l'interprétation du radargramme, des procédures de filtrage sont couramment utilisées pour réduire les effets des signaux indésirables". (Biscarini et al., 2020, p.5) Le GPR est essentiellement utilisé pour évaluer la structure immergée du pont. Bien qu'il existe de petits sous-marins autonomes qui peuvent effectuer la même tâche avec un sonar, le contexte du débit du fleuve est variable et peut affecter les accidents opérationnels qui altèrent la stabilité du pont. En outre, la hauteur d'immersion de la plupart des ponts ne dépasse pas 8 mètres, ce qui permet d'utiliser plus efficacement un GPR installé dans les drones. Fondamentalement, l'identification des fissures et des défaillances avec le GPR est très identique au système infrarouge ou hyperspectral. L'impact de l'onde électromagnétique sur une fissure se traduira par un degré plus élevé de diffusion d'ondes irrégulières par rapport au reste de la surface et sera facilement dénoté par des hyperboles irrégulières. Toutes ces données sont numérisées et peuvent être intégrées dans un modèle BIM basé sur des orthophotos. Le modèle virtuel du pont peut être utilisé pour des évaluations structurelles qui décideront de la durée de vie restante de la construction, des causes les plus importantes de dégradation et surtout suggéreront des stratégies possibles pour sa conservation.

"Dans le cas du pont de Ponte Lucano, il a été constaté que le côté sud du pont est affecté par un état de dégradation plus avancé, avec notamment la présence de croûte noire, le manque de matériaux, la végétation et des sources biologiques répandues à la fois dans la maçonnerie et dans les surfaces en béton. La carte des températures irrégulières est également évidente sur la surface en béton au-dessus des arches de maçonnerie, mettant en évidence la zone du pont la plus affectée par la rétention d'humidité. Dans la maçonnerie, des irrégularités de température peuvent être observées en correspondance avec les croûtes noires et les pénuries de matériaux, où le gradient de stress thermique peut exacerber la dégradation du matériau en relation avec la présence d'humidité par les cycles de gel-dégel. En outre, la présence de végétation peut induire d'importants stress thermiques dans la maçonnerie, qui sont plus accentués dans le cas de la végétation sèche par rapport à la végétation vivante, en raison des propriétés de réduction passive de la chaleur qui lissent les différences de température. D'autre part, la végétation vivante peut entraîner des contraintes mécaniques accrues induites par les racines développées dans les joints entre les blocs de mortier et dans les carences en matériaux". (Biscarini et al., 2020, p.9) L'interaction d'un fluide d'érosion tel que l'eau a été l'un des grands problèmes historiques de la construction. Les dommages structurels qu'elles provoquent vont de la simple délamination à la rupture totale de la structure après un léger mouvement. L'incursion de l'eau est toujours accompagnée par des organismes qui, dans la plupart des cas, augmentent la détérioration structurelle, dans les cas plus importants, la végétation est impliquée dans la fissuration. "Dans les structures de génie civil, l'infiltration d'eau est l'une des principales causes de graves dommages structurels dus aux cycles de gel-dégel, à la détérioration chimique (carbonatation) et à la corrosion induite par les chlorures. Par conséquent, un système capable de détecter la source d'une fuite d'eau et son étendue peut devenir un outil utile pour surveiller la santé structurelle, notamment en raison de la gravité des scénarios de détection. Les difficultés de manipulation ou d'accès à certaines parties de la structure en raison de leur taille, de leur emplacement ou de leur poids, les conditions environnementales sévères et les surfaces rugueuses, peuvent rendre les systèmes de détection conventionnels peu pratiques, une solution alternative basée sur des capteurs intégrés. (Capdevila et al., 2012, p.2505) Cette fois, les cartes RFID peuvent être utilisées comme couverture pour certaines surfaces à l'intérieur du béton afin de capturer des liquides filtrés provenant principalement de l'humidité et de la pluie. Dans cette section, des étiquettes RFID passives sont proposées comme capteurs intégrés pour surveiller la teneur en eau du béton, car en raison de leur capacité à collecter l'énergie de fonctionnement, elles ne nécessitent pas de piles. C'est un avantage en termes de consommation, de durabilité et de capacité d'intégration des systèmes.

"Afin de ne pas compromettre la stabilité, il faut trouver des configurations intelligentes pour déployer les grilles RFID composées de cartes. Un générateur de signaux vectoriels active séquentiellement chaque étiquette RFID en modulant le signal RF avec la séquence d'activation appropriée. La réponse de rétrodiffusion de l'étiquette RFID est captée par l'analyseur de spectre par l'intermédiaire d'un coupleur directionnel. Le plus souvent, une antenne cornet cannelée fonctionnant à 868 MHz est utilisée comme antenne de lecture fonctionnant dans une configuration monostatique. (Capdevila et al., 2012, p.2507) Avec ce circuit de surveillance, des mécanismes doivent être mis en œuvre dans l'UAV pour transporter le générateur de signaux vectoriels et le coupleur directionnel. Tout ce qui est obtenu peut être transmis en temps réel à l'analyseur de spectre. Grâce à un modèle virtuel de la structure, il est possible de localiser les zones présentant la plus forte présence d'irrégularités de fréquence qui confirment l'existence de liquides à l'intérieur de la structure. Le système d'évaluation est encore en cours d'expérimentation car il est difficile de localiser les quantités minimales de liquide qui pourraient endommager la structure. On ne sait pas encore comment les mailles RFID à l'intérieur de la fondation peuvent influencer et quelle sera leur durée de vie.

Dans de nombreuses zones urbaines, il y a des défaillances de la chaussée liées à des fissures, des fossés et des pentes. Ces problèmes sont principalement causés par des fuites d'eau, d'humidité et de produits chimiques corrosifs. Dans le même temps, les événements météorologiques, la forte congestion des véhicules et les inspections constantes des pipelines augmentent les dommages structurels sur les routes. Les conséquences directes sont une augmentation des embouteillages, une augmentation de la consommation d'énergie dans les voitures et un risque accru d'accidents. "Les fissures dans la surface d'une route pavée peuvent être la cause de vibrations de la voiture qui roule sur la route, d'éclaboussures de boue dans le puits d'eau, de filtration de l'eau de pluie dans la couche de base de la route, ce qui réduit la durée de vie de la

route en raison des dommages causés à la couche inférieure et de la poussière de sable sur le côté du fossé. Par conséquent, la qualité de service de la route pavée se détériore et le coût de l'entretien augmente également. Pour toutes ces raisons, des études sur l'état des revêtements routiers pavés sont réalisées régulièrement depuis longtemps. La manière traditionnelle d'étudier la surface de la route dépend de l'observation visuelle des images optiques par un opérateur expérimenté. Mais l'examen visuel présenterait les problèmes suivants. Tout d'abord, il s'agit d'un processus laborieux, fastidieux et lent, qui exige un effort considérable de la part de techniciens formés pour analyser manuellement l'ensemble des images acquises. Deuxièmement, elle est sujette à la subjectivité, car deux inspecteurs peuvent produire des résultats d'analyse différents pour des situations de danger similaires.

Des situations dangereuses peuvent survenir lors de l'inspection de routes à grande vitesse, comme les autoroutes, car le personnel d'inspection roule souvent à faible vitesse, souvent moins de 10 km/h. La sécurité routière est encore plus réduite lorsque les inspecteurs s'arrêtent dans les virages ou sur les pentes de la route et laissent le véhicule mesurer certains paramètres de détresse sur la surface de la chaussée, par exemple la largeur d'une fissure visible. Une nouvelle méthodologie pour détecter les fissures dans la surface d'une route pavée en utilisant des données 3D capturées par un scanner équipé dans un véhicule qui contient la hauteur relative de la surface de la route basée sur la méthode de la section légère. Cette méthodologie prévoit tout d'abord l'accélération de la reconnaissance de la surface de la route par la détection automatique des fissures. Deuxièmement, des résultats cohérents peuvent être obtenus à partir de l'étude du revêtement routier sans dépendance de l'opérateur. Troisièmement, il n'est pas nécessaire d'arrêter la circulation ou de vérifier le revêtement routier. Enfin, le système peut fournir une étude polyvalente du revêtement routier en utilisant le format de données indépendant du contraste. (Choi, Zhu et Kurosu, 2016, p.559) La méthode la plus classique d'évaluation par balayage laser consiste à mettre en œuvre ce dispositif dans un véhicule. L'émetteur laser linéaire est conditionné en regardant la route sur un support dépassant du véhicule, les récepteurs et la caméra sont positionnés de manière à recevoir l'image représentative du rebond laser sur la piste.

"Pour la segmentation des images, nous utilisons la segmentation multirésolution du logiciel eCognition. C'est un algorithme qui minimise localement l'hétérogénéité moyenne des objets de l'image avec un paramètre défini d'échelle, de forme/couleur et de compacité/douceur. Le paramètre d'échelle définit

l'hétérogénéité maximale autorisée pour les objets d'image résultants. La mesure de l'hétérogénéité utilisée dans l'algorithme comporte une composante spatiale et une composante spectrale. L'hétérogénéité spectrale est définie sur la base des valeurs des réponses spectrales des pixels contenus dans un segment. L'hétérogénéité spatiale est basée sur deux attributs de forme : la douceur et la compacité". (Choi, Zhu et Kurosu, 2016, p.561) Plusieurs récepteurs sont nécessaires pour capter toutes les réflexions laser, et le véhicule d'inspection doit rouler à faible vitesse pour capturer un nombre idéal d'images pour la détection des fissures. "De nombreuses expériences de vérification ont été effectuées pour confirmer l'efficacité et le taux de détection des fissures, ce qui a donné une moyenne de 86,4%. Deux erreurs se sont produites en raison d'un manque de détection. La principale erreur était due à la direction dans laquelle le laser fonctionnait parallèlement à l'appareil de mesure. Nous avons déjà discuté de cette question comme d'un problème qui peut être résolu en développant un nouvel appareil de mesure disposé en forme de X avec deux scanners. (Choi, Zhu et Kurosu, 2016, p.562) Dans les voitures, il est plus facile de mettre en place plusieurs caméras et émetteurs couvrant toute la gamme des pistes. En revanche, les drones peuvent transporter deux groupes d'équipements qui ne perturbent pas la circulation. L'équipement de mesure doit être correctement fixé pour éviter toute interférence avec les images.

Il existe d'autres méthodes pour évaluer l'état de la structure des routes, qui ont toutes les caractéristiques d'être non destructives et peuvent être équipées d'un UAV. "Certains d'entre eux sont le traitement numérique des images (DIP), le radar à pénétration de sol (GPR). Les capteurs optiques et les systèmes hybrides (HS) sont des procédures émergentes pour la surveillance de la santé". (Leonardi et al., 2018, p.164) Le traitement numérique des images peut être traduit en photogrammétrie aérienne et son efficacité est fonction de la qualité des images et de la sophistication du traitement des données. "Dans un exemple de numérisation des routes par photogrammétrie, une reconnaissance aérienne a été effectuée en mars 2017 dans une zone du port de Reggio de Calabre (Italie). Pour éviter la circulation pendant l'enquête, les images ont été prises vers midi au soleil afin de minimiser les ombres. Un drone commercial Mavic Pro de DJI et le logiciel Pix4d ont été utilisés pour la zone de cartographie automatique. (Leonardi et al., 2018, p.167-168) Le problème de la circulation comme obstacle à la vision est facilement résolu en prenant de nombreuses images dans la zone d'inspection donnée. L'intersection des vues et l'élimination des éléments mobiles dans le nuage de points permettront l'acquisition tridimensionnelle de la piste.

"Le plan d'acquisition d'images a été divisé en trois étapes, la première définissant le type de plan d'acquisition d'images. Ensuite, la distance d'échantillonnage au sol (GSD) est définie, et enfin la définition de la superposition d'images est faite. Le calcul de la GSD définit la hauteur de vol en fonction de la définition (cm/pixel) du modèle. Le calcul du taux d'acquisition des images pour la superposition frontale est effectué automatiquement par le logiciel Pix4d". (Leonardi et al., 2018, p.168) L'enquête générale pour la cartographie d'un kilomètre carré a été réalisée en près de 2 min. Les paramètres de l'appareil photo Mavic pro ont été réglés sur automatique et les informations de géolocalisation ont été saisies à l'aide du GPS intégré du drone. Les coordonnées des images sont essentiellement utilisées pour améliorer la précision de l'échantillon en fonction des points de référence qui sont marqués dans le contexte. "Le processus de reconstruction 3D a été réalisé à l'aide du logiciel Agisoft Photoscan. Le cœur du logiciel est composé de deux algorithmes, l'algorithme SIFT qui est une méthode de génération de caractéristiques d'image qui transforme une image en une grande collection de vecteurs de caractéristiques locales, chacun d'entre eux étant invariant à la translation, à l'échelle et à la rotation de l'image. Elle est partiellement invariante aux changements d'éclairage et de projection ou de 3D qui y sont liés. L'algorithme SfM est utilisé pour faire correspondre la caractéristique commune à chaque photo et, en utilisant les principes de la triangulation photogrammétrique, les poses de l'appareil photo et le nuage de points tridimensionnel de l'objet sont générés. Ensuite, à partir du nuage de points, le logiciel reconstruit un maillage en 3D. Le modèle numérique d'élévation (DEM) de sortie est reconstruit à l'aide des informations de géo-étiquetage du WGS84. À partir du MNE, la fissure dans la chaussée a été mise en évidence en appliquant un filtre dans un nuage de points 3D sous le niveau de la chaussée à l'aide du logiciel 3dReshaper. (Leonardi et al., 2018, p.168-170)

Les dommages structurels peuvent être identifiés par de nombreuses autres méthodes : "La photogrammétrie est une base pour centrer l'analyse sur des indicateurs de dommages géométriques tels que des murs inclinés ou des toits déformés, ainsi que la présence de piles de débris. En outre, une analyse d'image basée sur l'objet (OBIA) a été effectuée sur les données obtenues pour extraire les caractéristiques endommagées telles que les fissures ou les trous. Une stratégie similaire de type OBIA a été utilisée pour identifier les dommages dans la ville de Mianzhu après le tremblement de terre de Wenchuan en

2008". (Kerle et al., 2019, p.3)

"Des travaux récents ont montré que les drones fonctionnent de manière de plus en plus autonome et efficace dans des espaces intérieurs qui n'ont pas de couverture GPS. Les recherches sur la cartographie d'intérieur à l'aide de drones, tant avec des plates-formes uniques qu'avec des essaims, se sont multipliées. La plupart utilisent le SLAM visuel pour cartographier leur environnement sans GPS. D'autres ont expérimenté la localisation par le biais de capteurs tels que les ultrasons. Un élément de la reconstruction intérieure en 3D améliorée et de la cartographie des dommages sera utilisé plus efficacement avec l'éclairage artificiel pour la détection des petites fissures. Un autre axe de recherche a porté sur l'ingénierie des plates-formes de drones qui peuvent changer de forme pour faciliter l'entrée et le fonctionnement dans des espaces confinés". (Kerle et al., 2019, p.17) Des matériaux intelligents capables de changer de forme sont actuellement mis au point pour optimiser l'efficacité des avions pour de multiples types de missions de vol.

Les contextes opérationnels deviendront de plus en plus dangereux dans lesquels la mise en œuvre de dispositifs autonomes par l'homme ne sera pas possible, tels que les structures temporaires dans les immeubles de grande hauteur, les structures de barrages hydroélectriques et les structures mobiles, "Ces travaux s'étendent de plus en plus à une autre ligne de développement émergente, combinant les compétences basées sur les drones avec les solutions robotiques et la mécatronique. Ici, les drones ne sont pas seulement utilisés pour cartographier et modéliser des espaces d'infrastructure, mais aussi pour porter des bras d'actionnement afin de placer des capteurs pour des mesures in situ, interagir avec des objets, effectuer des tests physiques ou effectuer des réparations limitées. (Kerle et al., 2019, p.18) Tous les efforts se concentrent sur la simplification des processus et leur facilitation. Le personnel humain doit uniquement contrôler l'efficacité des processus et leur numérisation.

La prochaine utilité des drones est d'inspecter les déchets de construction et leur classification. De plus en plus, il existe de nouveaux matériaux de construction tels que les alliages et les matériaux composites qui, lorsqu'ils sont dégradés, ne sont pas facilement identifiables. Il existe de nombreux matériaux de construction qui doivent être recyclés pour être utilisés, un exemple classique étant l'acier et le béton. "Les pays de l'Union européenne produisent actuellement 460 mégatonnes par an de déchets de construction et de démolition (DCD) et le taux de production devrait atteindre environ 570 mégatonnes par an entre 2025 et 2030. Il existe un grand potentiel pour le recyclage des matériaux (D&D) car ils sont produits en masse et contiennent des ressources précieuses. Mais les nouveaux déchets de C&D sont plus complexes que ceux qui existent déjà et il est nécessaire de passer des approches de recyclage traditionnelles à de nouvelles solutions de recyclage. Une étape fondamentale pour atteindre cet objectif est l'amélioration de la technologie de tri automatisé. L'image hyperspectrale est un candidat prometteur pour soutenir le processus. Cependant, la distribution industrielle d'images hyperspectrales dans la branche du recyclage des déchets de C&D est actuellement sous-développée en raison des coûts d'investissement élevés. La robustesse du matériel des capteurs optiques dans des conditions environnementales défavorables est encore insuffisante. En outre, en raison de la nécessité du capteur, les méthodes logicielles spéciales ne sont pas bien conçues pour effectuer des tâches de tri de manière automatique et dynamique. Par conséquent, des fréquences de trame supérieures à 300 Hz sont nécessaires pour obtenir un résultat de tri satisfaisant. (Hollstein et al., 2016, p.1) La technologie hyperspectrale a été utile pour identifier le type de matériaux qui composent un bâtiment et est utile pour classer le type de matériau dans les décombres. En ajoutant un algorithme similaire à celui vu dans la section gestion du site, un consultant peut être chargé de suggérer des méthodes de classification et de recyclage d'un élément donné en fonction de son contexte.

"L'industrie du recyclage des matériaux de construction est actuellement dominée par des technologies simples. Jusqu'à présent, les procédés de tri ne sont utilisés que pour la séparation des composants légers ou de l'acier par des séparateurs à bande magnétique, respectivement. Ces technologies ne peuvent pas séparer des agrégats mixtes fortuits. Les bâtiments résidentiels et autres deviennent de plus en plus complexes. C'est surtout à partir de 1980 que de nouveaux matériaux tels que les polymères, les plastiques et les composites ont été massivement introduits sur le marché. Tous ces nouveaux matériaux ont de nouvelles exigences techniques différentes du compactage, comme l'isolation thermique, l'isolation électrique et l'isolation contre l'humidité. L'exécution des travaux de démolition et de réhabilitation à partir de 2020 correspondra aux actifs construits à partir de 1980. Il est donc nécessaire de développer des "méthodes de classification automatique". (Hollstein et al., 2016, p. 1-2) "Une image hyperspectrale est formellement considérée comme un cube de données 3D dans lequel deux dimensions représentent une surface et la troisième dimension comprend le contenu énergétique équivalent des faisceaux de rayonnement électromagnétique réfléchis ou transmis en fonction de la fréquence du rayonnement". (Hollstein et al., 2016, p.2) Une vue d'ensemble de l'environnement est idéale pour une classification rapide des débris. Comme nous l'avons noté, les images satellites et les vues aériennes sont coûteuses et ne peuvent pas être adaptées au contexte d'exploitation. D'autre part, un UAV est plus contrôlable et plus polyvalent, en mettant en œuvre une caméra hyperspectrale, vous pouvez observer les caractéristiques des matériaux dans les débris de manière plus dynamique. Des cartes numériques de la région peuvent être créées pour tenir compte des volumes de chaque matériau et pour développer des méthodes de planification de l'extraction/du recyclage. En général, le processus de recyclage peut être entièrement automatisé en incluant d'autres véhicules autonomes qui peuvent effectuer les tâches d'extraction. Ces véhicules peuvent être surveillés par le drone en transmettant des informations, comme dans le chapitre sur la planification du site, les volumes extraits et les types de matériel peuvent être enregistrés par les UGV à l'aide du GPR.

"Le tri des déchets de C&D à l'aide de l'imagerie hyperspectrale est un domaine d'application plutôt jeune, qui n'a été exploré jusqu'à présent que par un nombre limité de petits groupes de recherche dans le monde et qui n'a pas encore connu de migration significative vers l'industrie du recyclage. (Hollstein et al., 2016, p.2) Ce phénomène donne la possibilité de réaliser des tests expérimentaux qui peuvent ensuite être appliqués au domaine opérationnel. Il est possible de créer des entreprises spécialisées dans le recyclage automatisé des matériaux de construction sur la base des concepts vus précédemment. Les concepts de classification, de localisation et de représentation sont traités directement par le drone, tandis que l'extraction, le transport et la transformation en matériau utile sont gérés par l'UGV.

Figure 24 : Comparaison entre les méthodes conventionnelles et numériques de recyclage des matériaux de construction automatisées par les drones.

"Une condition de base pour l'applicabilité de l'imagerie hyperspectrale à la classification des déchets de C&D (et pas seulement pour ce type de déchets) est une distinction spectrale significative des éléments à classer. La première recherche dans ce sens est décrite sur la différenciation optique de matériaux de construction phénotypiquement similaires tels que le béton, le béton cellulaire, le béton léger et aussi les briques poreuses et denses. Dans ces publications, le domaine spectral du VIS filtré par le RGB a été utilisé dans un premier temps. Des caractéristiques de discrimination en fonction de la couleur et de la texture des matériaux doivent également être recherchées en exploitant respectivement le traitement numérique des images et les algorithmes d'apprentissage automatique". (Hollstein et al., 2016, p.2) Les matériaux céramiques et composites présentent de nombreuses caractéristiques similaires et doivent être identifiés de multiples façons par des fréquences d'évaluation et des caractéristiques pictographiques différentes.

4.2 - Analyse énergétique.

L'analyse énergétique se concentre sur le suivi des sources de perte d'énergie dans le bâtiment. De nos jours, il existe de nombreuses sources de pertes d'énergie dues à la dégradation des matériaux de construction. Les fuites de gaz, la baisse du rendement de chauffage, la consommation d'énergie électrique exceptionnellement élevée, les fuites et la filtration d'eau, le rendement exceptionnellement faible des sources de production d'énergie sont autant d'exemples de pertes d'énergie. "Équipé de caméras thermiques, un SAMU peut être utilisé pour identifier les fuites de plafond ou les points chauds électriques dans les installations de transformation qui ne sont pas visibles du sol. Les données aériennes sur les bâtiments et l'inventaire recueillies par l'UAS sont combinées à un logiciel de traitement d'images pour visualiser les pertes d'énergie dans des quartiers entiers de bâtiments. Les données sont ensuite affichées sous forme de cartes thermiques, ce qui permet de déterminer facilement quels bâtiments doivent être rénovés pour devenir plus efficaces sur le plan énergétique. Le projet Aspern Vienna Urban Lakeside en Europe est un exemple provisoire d'utilisation de la technologie UAS pour promouvoir les normes d'efficacité énergétique et l'équilibre environnemental. (Zhou, Irizarry et Lu, 2018, p.6) La défaillance des composants électriques entraîne une perte d'énergie sous forme thermique ou acoustique, la fuite de polluants dans les tuyaux interfère avec le flux. "L'une des utilisations possibles est la recherche de défauts dans les réseaux électriques à haute altitude, ce qui représente l'une des applications bénéfiques de la thermographie infrarouge sur le terrain réalisée avec le drone. À ce stade, la localisation des défauts dans le réseau électrique peut se faire en balayant la zone à l'aide du drone équipé de la caméra thermique IR grâce à laquelle le caméraman peut voir et capturer les points chauds sur les câbles. Les défauts éventuels peuvent être observés sous forme de zones plus claires en raison de l'augmentation de la température par rapport aux zones environnantes. La cause principale d'une température plus élevée est souvent un câble endommagé, où le flux de puissance augmente en raison d'une intersection de câble plus petite, ce qui entraîne des températures de câble plus élevées. L'avantage, outre un dépannage plus rapide et plus facile, est aussi la possibilité d'inspecter le réseau électrique sans interrompre l'alimentation en électricité. (Cajzek et Klansek, 2016, p.322-323) Un autre avantage de cette méthode est la numérisation des informations pour créer des cartes de maintenance et de comptabilité des erreurs. De la même manière, des accidents mortels sont évités tant pour les utilisateurs que pour le personnel de maintenance. Tou-

tefois, pour que le drone ne soit pas perturbé par le champ magnétique des câbles, un capteur de localisation et de modélisation simultanées (SLAM) doit être installé pour assurer la sécurité du vol. L'analyse des lignes électriques peut également être complétée par des images hyperspectrales prises par un drone.

Figure 25 : Système de balayage des réseaux électriques à l'aide de drones et de caméras thermiques infrarouges.

"Les applications de la thermographie en génie civil comprennent l'identification des pertes de chaleur ou des fuites d'eau dans les bâtiments. Par exemple, la thermographie de refroidissement peut aider à identifier les déficiences structurelles du sous-sol. À l'aide d'une caméra infrarouge, il a été possible d'identifier un délaminage dans la structure d'un pont en béton situé au Royaume-Uni. En outre, il a été possible d'étudier la structure interne d'un pont en maçonnerie". (Entrop et Vasenev, 2017, p.64) "Le protocole a été utilisé pour inspecter un système photovoltaïque et le logement thermique d'un bâtiment. Il est clair que toutes les variables externes possibles n'ont pas été observées pendant le test. Les variables supplémentaires peuvent inclure les différences de température entre l'intérieur et l'extérieur, les différences de pression, l'influence du vent pendant le vol et les précipitations". (Entrop et Vasenev, 2017, p.68) La différence de température entre les surfaces intérieures et extérieures détermine le degré de fonctionnement optimal des systèmes de ventilation ou de chauffage. Les mesures de la météo et de la vitesse du vent déterminent la capacité de production d'énergie d'un bâtiment intelligent et le système peut donc déterminer les possibilités de consommation d'énergie.

Comme dans le cas des inspections immobilières pour l'exécution des affaires, il est également nécessaire de vérifier l'efficacité énergétique et le bon fonctionnement des services de base dans le bâtiment. "La thermographie permet d'auditer un bâtiment existant. Avec les caméras infrarouges, les zones qui posent ou pourraient poser un problème pour l'intégrité du bâtiment peuvent être détectées avant qu'elles ne deviennent des problèmes graves et coûteux à réparer. La thermographie permet d'inspecter les installations électromécaniques à la recherche de défauts. Les points humides sur un mur ou un plafond peuvent également être détectés par imagerie thermique. Il est utile pour quelqu'un qui vend ou achète un bâtiment ou qui est sur un projet de rénovation. Prenons l'exemple d'une maison. Lorsqu'un promoteur immobilier achète un bâtiment pour le vérifier et le vendre à profit, les fuites de plomberie qui doivent être réparées peuvent sérieusement nuire aux revenus de son projet. Un rapport sur l'intégrité du bâtiment est souvent exigé avant l'achat d'un bâtiment. Ces relevés thermiques sont effectués principalement à l'intérieur du bâtiment. Il est évidemment plus approprié d'effectuer ce type d'inspection à l'intérieur avec une caméra thermique portative plutôt qu'avec un drone pour les immeubles d'habitation ou de bureaux. Mais un drone pourrait être utile pour inspecter correctement les couloirs des grandes usines où les murs et les plafonds sont hors de portée des caméras portatives sans équipement supplémentaire. Les drones sont de plus en plus contrôlables, de sorte qu'ils peuvent voler à l'intérieur avec une formation et une expérience adéquates. La mesure des points faibles (humidité) dans les structures en béton est une autre possibilité d'application pratique des images thermiques obtenues avec un drone. Cela pourrait signifier de survoler une base en béton durci ou trempé afin de scanner le béton à la recherche de points chauds ou froids qui pourraient indiquer des fuites d'humidité dues à des fissures dans la base en raison de tuyaux qui fuient. (Janssen, 2015, p.12)

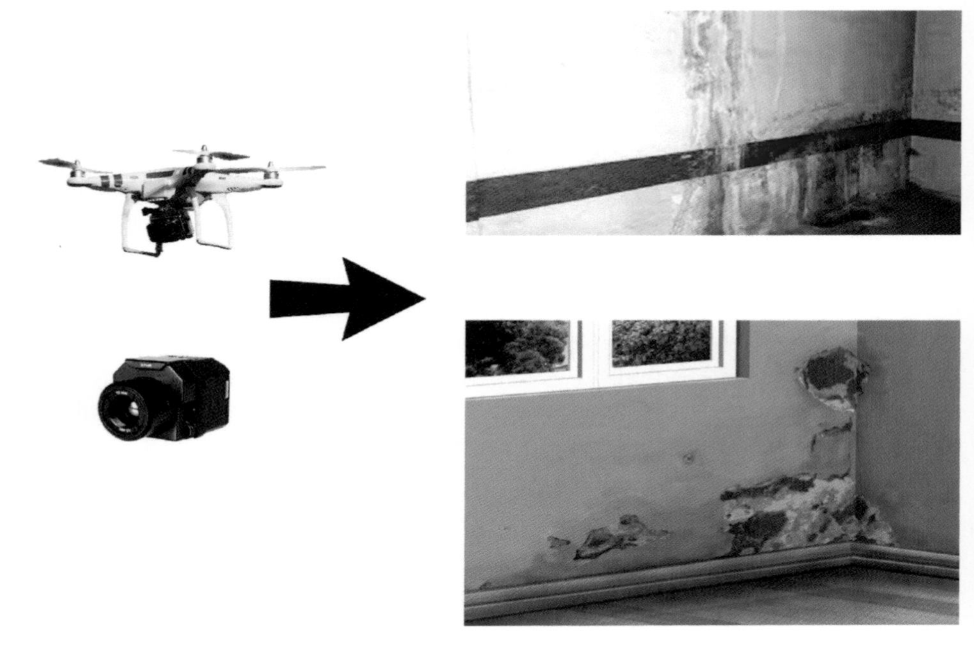

Figure 26 : Inspection énergétique et surveillance de l'humidité à l'aide d'un drone et d'une caméra thermique.

Les mécanismes d'inspection énergétique sont également utiles en tant que méthodes correctives dans les bâtiments. "La thermographie peut également être utilisée pour inspecter l'enveloppe du bâtiment. C'est l'une des principales applications de la thermographie. Le bâtiment est souvent chauffé à la température qu'il aura lors de son utilisation et des relevés de température sont effectués sur l'enveloppe du bâtiment. Ce type d'inspection permet de détecter les pertes de chaleur. Ces pertes de chaleur indiquent une défaillance de l'isolation du bâtiment par des fuites d'air ou des ponts thermiques. Pour les bâtiments plus récents qui doivent être correctement isolés, cela indique souvent une enveloppe de bâtiment mal placée ou défectueuse. Un autre scénario est celui d'une fenêtre mal installée ou d'une isolation mal placée. Le balayage du bâtiment après la fin de la construction à l'aide d'un drone peut permettre de trouver et de corriger ces erreurs avant que le bâtiment ne soit livré au client. Cela pourrait éviter des demandes d'indemnisation coûteuses par la suite. (Janssen, 2015, p.12-13) Ce système peut également être utile pour créer des modèles numérisés qui peuvent servir de preuve de dommages pouvant être présentée aux compagnies d'assurance après un accident, les coûts des dommages peuvent être rapidement comptabilisés, et un historique structurel de la structure peut être créé.

"Un domaine d'application de la thermographie est également la détection de la position des tuyaux de chauffage dans les sols et les murs. Lorsque, par exemple, une cheminée supplémentaire doit être construite dans le salon ou qu'une bride doit être placée sur un mur extérieur, il est important de connaître l'emplacement exact des tuyaux. De la même manière, toute fuite dans les systèmes de chauffage peut être détectée car une fuite produit une grande tache de chaleur sur le thermogramme. Une autre application de la thermographie est la mesure de l'humidité dans les matériaux de construction. (Wild, 2007, p.440) Dans les bâtiments industriels, le contexte d'exploitation doit être stabilisé pour assurer la sécurité des employés. Les MVA peuvent faire des incursions dans les conduits de ventilation pour mesurer les caractéristiques de débit et éviter les surcharges de pression. De la même manière, les caractéristiques de l'environnement de fonctionnement et la présence d'allergènes ou d'arômes irritants de l'extérieur peuvent être mesurées. La présence de la conception numérisée est nécessaire pour programmer les vols du MAV

4.3 - Outil de marketing.

Comme dans toutes les industries qui bénéficient des drones, le secteur de la construction exige que les avantages de la construction soient révélés de manière particulière aux consommateurs potentiels. Grâce au drone, il est possible d'obtenir des photos et des vidéos de base sous différents points de vue. "Les vendeurs veulent généralement explorer les nouvelles technologies émergentes pour présenter leurs projets à des acheteurs potentiels. Certaines sociétés immobilières font de leur mieux pour intégrer la photographie aérienne dans leur marketing. Une vue d'ensemble d'un projet depuis les airs peut fournir une scène unique qui ne serait pas possible autrement depuis une vue du sol. Le drone fournit aux acheteurs ou locataires potentiels un modèle 3D précis des bâtiments et des zones environnantes. Grâce à la technologie de la réalité virtuelle (RV), les acheteurs ou locataires potentiels peuvent également percevoir la scène intérieure d'un bâtiment, voire une pièce d'un appartement. (Zhou, Irizarry et Lu, 2018, p.6) La vidéo en direct du processus de construction peut également être utilisée pour justifier les avantages de la construction. "Les photos aériennes et la vidéo peuvent être utilisées pour fournir aux clients des images impressionnantes, comme la vue depuis la future fenêtre dans les premières phases de la construction. Un modèle 3D d'un projet de construction permet de visualiser tous les détails en ligne. Le modèle peut également être utilisé dans le cadre d'une planification ultérieure, notamment pour l'aménagement paysager et la décoration intérieure. (Anwar, Amir et Ahmed, 2018, p.3) Une autre possibilité d'avantages technologiques potentiels de la construction consiste à inclure des représentations numérisées de l'historique de la construction, notamment des représentations LIDAR, des images thermiques et des vues hyperspectrales qui visualisent les propriétés non visibles de la structure. Grâce à l'animation d'éléments non visibles, on peut voir les niveaux d'humidité, de température, de pression, de stabilité, la composition des matériaux et le niveau de conservation d'énergie du bâtiment. Tout cela donne une plus grande possibilité de conclure des accords de vente et de générer une bonne image au sein de l'industrie.

"L'industrie de la construction a commencé à adopter largement des technologies immergées dans l'expérience du monde virtuel, telles que la réalité virtuelle (RV), la réalité augmentée (RA) et la réalité mixte (RM). Le concept de réalité virtuelle a été établi il y a 50 ans et permet de remplacer la perception qu'a l'utilisateur de l'environnement environnant par un environnement artificiel

en 3D généré par ordinateur. La technologie de la RA intègre des images d'éléments virtuels dans le monde réel. La technologie de RA, grâce à ses capacités, pourrait améliorer la perception qu'a l'utilisateur du prototypage virtuel avec des entités réelles en se connectant au monde réel tout en conservant la flexibilité du monde virtuel. Pour faire simple, la définition de la RV et de la RA est basée sur l'implication de sensations visuelles du monde réel, indépendamment du réglage de l'immersion ou des mécanismes de l'écran. La combinaison de la réalité et de la virtualité peut être définie comme une technologie de réalité mixte (RM), c'est-à-dire une technologie qui combine des mondes réels et virtuels pour générer un environnement complètement nouveau. En cela, les objets physiques et numériques peuvent interagir simultanément. L'énorme potentiel de ces technologies immersives pourrait transformer la manière dont les entreprises de construction consomment et interagissent avec l'information. (Elghaish et al., 2020, p.2)

5.- Avantages de l'emploi de drones dans le secteur de la construction civile

5.1.- Perspective sociale.

Chaque nouvelle innovation technologique a un impact social, le niveau de positivisme dans l'impact social détermine le succès du produit. Il existe de nombreux types d'impact social positif qui sont classés selon le type de besoin couvert par le produit, mais la grande majorité d'entre eux sont liés à la simplification des activités humaines. Dans notre cas, le drone peut remplir plusieurs fonctions séparément ou en même temps, et en général, il simplifiera ou facilitera tous les processus de construction. "Du point de vue social, la principale contribution des drones multirotor dans la construction est de résoudre les problèmes de sécurité au travail. Par exemple, les géomètres travaillent généralement dans un environnement dangereux en raison de surfaces escarpées ou de la proximité d'équipements lourds. Leur travail se fait toujours à l'extérieur, quelles que soient les conditions météorologiques. Le fait de disposer d'une solution de cartographie par drone permet d'effectuer des vols autonomes pour éliminer les divers risques associés à la topographie, tels que les blessures dues aux équipements lourds et aux dangers. (Li et Liu, 2018, p.8) Il en va de même pour les inspections de tunnels ou de ponts, où le contexte nécessite une adaptation. Grâce à l'automatisation, tous les travaux mécaniques, répétitifs et dangereux sont effectués par des machines adaptées à ce contexte. L'être humain doit seulement contrôler que le processus est exécuté correctement et réduire les coûts/temps d'exécution. De la même manière, elle peut réduire le nombre d'accidents dans les constructions de grande hauteur, tant pour les travailleurs que pour le personnel d'inspection et de sécurité. En ce qui concerne la surveillance, elle peut réduire les effets sociaux négatifs produits par la criminalité ou la guerre des entreprises. Elle peut accroître la sécurité et la confiance des clients et des inspecteurs lors de l'achat ou de l'inspection d'un bien immobilier.

5.2 - Perspective économique.

L'avantage économique est une conséquence de la simplification des processus de construction. Les facteurs importants qui permettent l'avantage économique lors de l'utilisation des drones sont le temps, la réduction du personnel, une plus grande précision, l'utilisation de moins de matériaux, la possibilité d'effectuer plusieurs tâches en même temps et la possibilité de contrôler la plupart des variables impliquées dans chaque processus. "Comme on l'a vu, les méthodes de sondage par drones sont relativement rentables. Les drones multirotor permettent une collecte rapide et une analyse automatique des données de terrain. Les drones peuvent également être utilisés pour coupler automatiquement d'autres tâches simples et réduire considérablement les coûts du projet. Au lieu d'utiliser des ressources humaines, des machines lourdes et des outils d'arpentage coûteux, les technologies basées sur les drones sont capables de produire des données complexes à moindre coût et avec une plus grande précision. (Li et Liu, 2018, p.8) En outre, il est possible d'intégrer d'autres machines autonomes dans un effort commun comme le défrichement, ce qui réduit les erreurs de construction et les coûts d'exploitation. De même, dans le secteur de la logistique, l'automatisation des informations sur les flux de matériaux réduit le temps de construction et élimine les coûts d'exploitation. Les erreurs sont réduites et les coûts de réparation sont économisés grâce à un contrôle de la qualité de la construction en temps réel en intégrant les conceptions et le parcours théorique des travaux au format BIM avec les données obtenues par les drones et leurs capteurs de collecte de données.

"En outre, la cartographie par drone est également imbattable en termes de vitesse par rapport aux méthodes de levés traditionnelles. L'arpentage traditionnel peut nécessiter de longues heures et le transport de matériel lourd d'un endroit à l'autre. Cependant, la cartographie par drone peut ne prendre que quelques minutes pour effectuer un relevé de site avec une plus grande précision, plutôt que des jours ou des semaines. De même, la collecte en temps utile de l'état des chantiers de construction nécessite des ressources d'arpentage fréquentes et intensives. Le suivi de l'état d'avancement des travaux à l'aide de drones permet d'éviter les retards dans les projets de construction. Un retard dans l'achèvement et la livraison peut entraîner des coûts supplémentaires et une baisse de rentabilité en raison des pertes et des dépenses qui en découlent. (Li et Liu, 2018, p.8) Le contrôle du temps d'exécution est directement lié aux coûts de construction, la simplification des travaux de construction permet de réduire les coûts et d'améliorer l'image de l'entreprise de construction. Le suivi en temps réel du projet représente une plus grande sécurité pour les responsables et un meilleur contrôle des travaux, ce qui permet de réduire le nombre de contrôleurs sur le site. En réduisant les vols ou le sabotage sur les chantiers grâce à l'utilisation de drones pour la surveillance permanente, il est possible de réaliser des économies et d'assurer la sécurité des employés et des clients. Le transport de matériaux nécessite parfois l'utilisation de machines complexes, lentes et coûteuses. Un drone spécialisé dans le transport peut simplifier les processus, ce qui permet d'économiser du temps et de l'argent. Une meilleure compétitivité sur le marché immobilier existerait si la méthode de construction aérienne par drone était mise en œuvre. L'innovation dans la construction est un avantage concurrentiel et peut donc être une source supplémentaire de revenus et un nouveau marché à développer.

"Les inspections structurelles nécessitent souvent une inspection typique d'unités telles que les grues sur camion, les plates-formes élévatrices et les unités souterraines. Les méthodes d'inspection par drone peuvent également éviter des coûts élevés en termes de personnel et de logistique qui nécessitent de gros camions, des plateformes élévatrices spéciales et des échafaudages. (Li et Liu, 2018, p.8) Une analyse énergétique et thermique avec des drones de bâtiments peut identifier les points de fuite d'énergie pour l'électricité, l'eau ou le gaz. L'utilisation et l'optimisation de toute l'énergie disponible est essentielle pour réduire les coûts d'acquisition des biens et pour atteindre une plus grande clientèle. L'utilisation de drones pour l'enregistrement et la visualisation en temps réel des propriétés pour la publicité et le marketing permet d'obtenir une plus grande clientèle potentielle, un plus grand nombre de financiers et d'investisseurs et permet une meilleure localisation de l'entreprise sur le marché immobilier.

Tous ces avantages économiques peuvent être potentialisés si nous faisons en sorte qu'un drone effectue plusieurs tâches en même temps, ce qui permettrait d'économiser du temps et de l'argent. La polyvalence et la multifonctionnalité sont importantes si nous voulons simplifier les processus et économiser davantage de coûts de construction.

5.3 - Perspective environnementale.

Dans toutes les actions industrielles, de nouvelles normes environnementales ont été établies, dans lesquelles la minimisation de l'impact environnemental est une priorité. "Les drones à rotors multiples sont alimentés par un moteur électrique, plutôt que par des combustibles fossiles, ce qui signifie qu'ils ne produisent pas de niveaux élevés d'émissions de dioxyde de carbone par rapport à certains drones à voilure fixe et autres équipements de construction. Cela en fait une alternative plus écologique au travail aérien, comme la cartographie, la photographie aérienne et les levés aériens. (Li et Liu, 2018, p.8) De la même manière, les drones à propulsion hybride ne génèrent pas non plus d'oxydes d'azote ou de précipités lors de la combustion, ce qui réduit l'impact sur l'environnement. Les processus simplifiés offerts par les drones n'entravent pas les activités de routine. Pour inspecter une route, un pont ou une installation industrielle, il n'est pas nécessaire de réduire les activités car il existe des capteurs, des logiciels et des algorithmes qui classifient toutes les données pour produire les valeurs requises. En numérisant les cartes, les données, le temps, les positions et les variables dans un seul module multidimensionnel accessible à tout le personnel, les documents imprimés sont sauvegardés. Une meilleure ergonomie est synonyme d'un meilleur impact sur l'environnement.

6.- Défis actuels pour les drones.

"Premièrement, la principale limitation des drones est centrée sur les réglementations locales entourant leur utilisation, qui peuvent varier d'une région à l'autre. Deuxièmement, les opérateurs professionnels sont indispensables pour l'utilisation des drones dans la construction, car la navigation avec ces appareils peut être compliquée. Troisièmement, la fiabilité des vols est une question essentielle qui doit être traitée sur les chantiers de construction, car les trajectoires de vol peuvent être considérablement affectées par les conditions météorologiques, comme les vents violents et les fortes pluies. Un algorithme fiable, capable de traiter de nombreux problèmes, doit être développé pour assurer la fiabilité du combat et améliorer l'applicabilité. Quatrièmement, les travailleurs de la construction peuvent être distraits par un drone volant pendant les processus de construction, ce qui peut causer des problèmes de sécurité. Cinquièmement, un problème commun aux drones reste le manque de capacité électrique, qui limite souvent leur temps de vol à 20 minutes et leur temps de charge à une heure. La sixième limite est le problème de la charge utile : pour monter plus d'appareils sur les drones, il faut un meilleur module de production d'énergie. (Li et Liu, 2018, p.9) Pour résoudre le quatrième problème, les concepts de conception des drones doivent être révisés afin d'inclure dans le processus de conception et d'optimisation les questions énergétiques et acoustiques. Toute l'énergie disponible doit être exploitée pour générer la force propulsive et ne pas pencher vers d'autres formes d'énergie telles que l'énergie acoustique ou vibratoire. De la même manière que le cinquième problème est résolu en révisant les concepts de conception de la propulsion des drones, les nouveaux drones à propulsion hybride augmenteront l'impulsion spécifique disponible permettant un temps de vol plus long.

"Vous pouvez imaginer que de nouveaux drones dotés de batteries et de technologies d'aviation innovantes permettront de mieux surveiller les sites de construction et de recueillir plus rapidement des données sur le terrain. Le raccordement de capteurs de détection de méthane aux drones peut aider à détecter les fuites de gaz dans des centaines de pipelines, à enregistrer les emplacements et à mesurer les volumes de fuite. En outre, l'amélioration de la capacité de charge utile permettra à une flotte autonome de drones d'effectuer des travaux de maçonnerie dans le processus de construction. Les chercheurs en ingénierie ont également exploré de nouveaux systèmes de navigation pour des technologies de drones innovantes, ce qui signifie que les futurs drones pourront se déconnecter de la dépendance à la navigation par satellite GPS. Les drones pourront naviguer de manière autonome dans les structures et infrastructures en construction, comme les bâtiments dans les canyons profonds, les souterrains et autres endroits où les signaux GPS ne sont pas disponibles ou fiables. Par conséquent, la nouvelle technologie permettra d'effectuer des contrôles de qualité de construction plus complets et de mieux gérer le temps. (Li et Liu, 2018, p.9) La création d'algorithmes de navigation partagés par divers appareils est une option viable qui est renforcée par la technologie de l'Internet des objets. La première étape pour la navigation sans GPS est la technologie de localisation et de modélisation simultanées (SLAM), la visualisation par LIDAR et l'application d'ultrasons.

Pour réduire le temps de traitement des données, un ordinateur doit contenir des logiciels de traitement tels que Revit, Agisoft Photoscan, des systèmes hyperspectraux et infrarouges et des systèmes de positionnement SIG. De même, il doit disposer de la puissance informatique nécessaire pour transmettre les données traitées à l'ensemble du personnel présent, et il doit également avoir la capacité de mettre constamment à jour les données. "Le mini PC pour UAV est de forme orthogonale, il mesure 115 × 111 × 601 millimètres et pèse 0,5 kg, ce qui est une taille et un poids adaptés au montage sur l'UAV". (Won, Chi et Park, 2020, p.5) "Pour concevoir les futurs systèmes et applications de drones, les fonctions avancées des drones nécessitent de puissantes capacités informatiques embarquées. Cependant, la plupart des fonctions existantes des drones ont été conçues séparément et il manque un cadre global pour exploiter l'informatique embarquée pour toutes les fonctions des drones à bord". (Lu et al., 2019, p. 1) Les capacités de calcul doivent encore être améliorées en fonction de la taille de l'avion.

"Il est certain que de nombreuses fonctions avancées des drones nécessitent des capacités informatiques aéroportées sophistiquées. Par exemple, l'exécution d'un algorithme de calcul intensif à bord peut aider un drone à atteindre une précision de positionnement élevée ; l'exécution d'un algorithme de contrôle compliqué peut coordonner un essaim de drones ; l'exécution d'un algorithme de contrôle de cap avancé peut augmenter considérablement la capacité d'une liaison de communication entre deux drones à antennes directionnelles". (Li et Liu, 2018, p.9) Dans ce domaine, l'objectif est d'améliorer la couverture vidéo des vols grâce à des points de contrôle de relais d'information. Grâce aux liaisons multiples, la couverture vidéo est multipliée, ce qui permet d'étendre le système à de grandes distances et d'assurer la multifonctionnalité et l'accomplissement de différentes missions de vol en un seul voyage.

"Dans les différentes applications des drones, il existe différentes fonctions de communication qui ont des exigences diverses. Par exemple, lorsqu'un drone est lancé pour prendre des vidéos et les transmettre en temps réel à la station au sol, il faut établir un canal de communication à large bande passante. Cependant, un UAV peut être éloigné de la station au sol, ce qui signifie que la capacité du canal est insuffisante pour supporter la transmission vidéo. Pour résoudre ce problème, il a été démontré que, grâce à la capacité de calcul aéroporté, nous pouvons concevoir et mettre en œuvre des algorithmes avancés de contrôle de cap de sorte que deux drones distants de quelques kilomètres puissent établir une liaison de communication à large bande à l'aide d'antennes directionnelles contrôlables. (Lu et al., 2019, p.2) Cette stratégie est particulièrement bénéfique sur les grands chantiers de construction où de nombreux drones et véhicules aériens sans pilote opèrent en coordination, elle est également bénéfique sur les lignes de transport de matériaux où les drones peuvent créer un itinéraire de suivi coordonné.

"Il est certain que le développement d'une nouvelle application de drone est un processus complet, sans parler de l'informatique aéroportée basée sur les drones. Pour faciliter les efforts de conception, nous résumons maintenant quelques directives de conception pour permettre le calcul aérien basé sur les drones en général.

Tout d'abord, il faut comprendre les exigences de l'application de l'UAV. Dans cette étape, nous devons spécifier un ensemble d'exigences dans différents domaines, tels que le nombre de drones, l'objectif de la mission, les objectifs de contrôle, la largeur de bande et la capacité de communication, la topologie du réseau, le délai de transmission et de calcul, les capacités de traitement et de stockage, etc.

Deuxièmement, il faut comprendre comment effectuer l'opération du drone en utilisant un certain ensemble de fonctions du drone.

Troisièmement, il faut utiliser une plate-forme informatique aérienne commune : au cours de la dernière décennie, nous avons vu de nombreux systèmes de drones développés à des fins différentes. Cependant, pratiquement tous ont été conçus pour remplir des missions spécifiques, ce qui signifie que le système pourrait ne pas être flexible pour supporter d'autres nouvelles fonctions et applications de drones. D'autre part, une tendance commune dans l'informatique, les communications et la mise en réseau est d'adopter une plate-forme commune pour soutenir de manière flexible divers services et applications, tels que la plate-forme de nuage pour l'informatique générale, la radio logicielle (SDR) pour la communication, la virtualisation des fonctions réseau (NFV) pour la mise en réseau, et l'informatique de pointe à accès multiple (MEC) pour les services 5G émergents et l'Internet des objets.

Enfin, il faut comprendre les capacités et les limites des composants du drone. Cela comprend le temps de vol, la capacité de la charge utile, l'environnement opérationnel (intérieur ou extérieur), la portée de communication, le type de drone (quadriporteur ou à voilure fixe), le coût, etc. (Lu et al., 2019, p.3) Dans les missions polyvalentes, il est nécessaire de programmer le fonctionnement des différents capteurs et caméras pour les différentes activités. Contrôler et programmer les actions pour répondre à des actions imprévues par le biais d'algorithmes est fondamental pour éviter les accidents, de la même manière que le contrôle des processus d'exploitation avec les drones permet l'optimisation. Dans ce domaine, la création de capteurs et de caméras multifonctions est fondamentale.

"Dans les levés topographiques, l'agriculture de précision et de nombreuses autres applications, des cartes en 3D des zones cibles sont construites pour faciliter la prise de décision. La structure du mouvement (SfM) est une approche courante utilisée dans ces applications pour reconstruire des modèles 3D. Cependant, en raison de son coût de calcul élevé, il est effectué hors ligne après que toutes les images ont été collectées. La plateforme informatique aéroportée proposée a le potentiel de faire passer la cartographie 3D du hors ligne au numérique. À titre d'investigation préliminaire, l'efficacité d'une application de reconstruction virtuelle en 3D basée sur la SfM, appelée OpenDroneMap, peut être testée sur un seul prototype de drone. Cette application prend environ 32 minutes pour reconstruire le modèle 3D à partir de 77 images bidimensionnelles de drones de 1,6 Mo par image. Nous pensons que les performances peuvent être encore améliorées en optimisant le programme et en utilisant les ressources de calcul de plusieurs drones. (Lu et al., 2019, p.6) En reliant les données obtenues à des systèmes de traitement des données en ligne, nous libérons de la puissance de calcul pour l'ordinateur interne du drone afin de réaliser un traitement de l'information plus complexe.

Dans tout avion où la sécurité et la fiabilité sont nécessaires, un système d'exploitation alternatif est requis. Ainsi, les avions, les navires, les réseaux électriques des centrales électriques, les engins spatiaux et les machines de grande valeur utilisent un système d'alimentation électrique alternatif qui est utile en cas d'incidents inattendus. "Pour les situations d'urgence et d'autres applications, des canaux de communication air-air (A2A) à large bande et longue distance sont nécessaires pour transmettre des flux de données de surveillance à haute performance. La robustesse d'un tel canal de communication est un défi à relever, compte tenu de la perte des signaux GPS, de l'environnement de communication imparfait et inconnu, des schémas de déplacement incertains ou variables des drones et des diverses perturbations. Le meilleur traitement est l'alignement distribué des antennes directionnelles pour obtenir un canal aux performances de communication optimisées. La mesure du signal de communication (comme l'indicateur de la puissance du signal reçu) doit également être utilisée comme signaux de mesure supplémentaires pour un meilleur contrôle de l'antenne. Les capacités de calcul avancées de l'UAV rendent possibles ces fonctions de co-conception de contrôle et de communication. Selon le traitement vu, une amélioration de la performance sur l'alignement de l'antenne GPS est démontrée, permettant d'obtenir un canal de communication d'un débit de 30 Mb/s à 1 km de distance". (Lu et al., 2019, p.6-7)

7.- Limitations de l'utilisation des drones dans le secteur de la construction civile

"L'incertitude concernant les lois et les règlements relatifs à l'utilisation de la SAMU représente un obstacle à l'intégration de la SAMU dans les projets de construction. Des lois et des règlements peu clairs ou changeants peuvent également dissuader les utilisateurs d'adopter le SAMU. Un autre problème lié à la mise en œuvre de la SAMU sur les chantiers de construction est le besoin de pilotes bien formés. Pour effectuer un vol d'inspection de sécurité efficace, il est nécessaire que le pilote, l'observateur et le personnel du projet connaissent leur objectif de vol. (Mosly, 2017, p.237) Au Pérou, la législation sur les questions relatives aux drones relève du ministère des transports et des communications (MTC) et de la direction générale de l'aviation civile (DGAC), les principales limitations proviennent des articles suivants de la NTC-001-2015 Exigences pour l'exploitation des systèmes d'aéronefs téléopérés.

La section E, Limites d'exploitation, du point 8 précise que personne ne peut utiliser un RPAS si la masse maximale au décollage du RPA (avion téléguidé) dépasse 25 kg, s'il se trouve au-dessus de zones peuplées et s'il est à proximité de personnes ou d'obstacles. Il ne sera pas possible de voler à plus de 152,4 mètres au-dessus du sol, ni à plus de 100 mph de vitesse. Hors des conditions d'une opération avec visibilité visuelle directe. Dans des conditions de nuit ou pendant plus d'une heure en continu.

La réglementation des drones en Espagne classe les drones en deux types, les drones de loisir et les drones commerciaux. Les drones de loisir doivent peser entre 251 grammes et 2 kilogrammes. L'UAV doit toujours opérer dans le champ visuel du pilote, ne doit pas dépasser 120 mètres en vol et ne doit pas voler dans un rayon de 8 km d'un aéroport, d'un aérodrome ou d'un espace aérien. Le pilote doit être responsable de tout dommage causé par l'avion et le drone doit être muni d'une plaque d'identification ignifuge. Elle doit avant tout protéger le droit à la vie privée des personnes qui pourraient apparaître, la loi sur la protection des données interdit la divulgation publique des données obtenues par le drone.

Les drones professionnels, en revanche, nécessitent une licence de drone. Le pilote doit être enregistré comme opérateur de drone auprès de l'Agence nationale de la sécurité aérienne (AESA). En outre, il doit posséder un certificat médical de classe LAPL pour les drones jusqu'à 25 kg et le certificat de classe

II pour les RPAS d'un poids supérieur à 25 kg.

En revanche, au Mexique, les drones sont réglementés par le ministère des communications et des transports. Selon cette institution, les opérations de nuit nécessitent une autorisation de l'Agence fédérale de l'aviation civile (AFAC). Les DAS de plus de 250 grammes doivent être enregistrés et, comme dans la plupart des pays, il existe des lois pour protéger la vie privée et la propriété intellectuelle. Les SAR de loisir ne doivent être utilisés que dans le champ visuel du pilote.

La réglementation sur les drones en Colombie suggère qu'un pilote amateur a besoin d'un permis pour surveiller des scénarios, des événements ou des foules de personnes. Un pilote professionnel doit avoir suivi un cours de vol professionnel du RPAS et avoir effectué au moins 20 heures de vol. Les drones pesant entre 250 grammes et 25 kilogrammes n'ont pas besoin de licence pour fonctionner, que ce soit à des fins récréatives ou commerciales. La hauteur de vol maximale autorisée est de 120 mètres et les seules opérations autorisées doivent se faire de jour. La portée de vol ne doit pas dépasser 500 mètres.

La réglementation sur les drones aux États-Unis exige que tous les pilotes commerciaux aient une licence de pilote à distance. Les drones opérationnels sans licence sont autorisés si et seulement s'ils sont exploités à des fins purement non commerciales. Les vols de loisirs ne doivent pas être effectués au-delà de la portée visuelle et tous les drones commerciaux doivent être enregistrés auprès de l'Administration fédérale de l'aviation (FAA). Contrairement à d'autres pays, les États-Unis ont récemment mis en œuvre le système d'identification à distance, dans lequel l'opérateur du drone doit diffuser des informations en temps réel sur le fonctionnement du drone, y compris sa localisation et celle de son opérateur.

Dans tous ces cas, on observe une limitation du poids de la charge utile, du rayon d'action, de l'existence de la lumière du soleil, du temps de fonctionnement et de la hauteur de vol maximale. Avec toutes ces limitations, nous devons chercher des stratégies pour optimiser l'itinéraire de la mission de vol afin de simplifier les processus. "Les conditions météorologiques sont un défi pour le fonctionnement de la SAMU sur les chantiers de construction. Les UAS sont incapables de fonctionner à des vitesses de vent élevées, le cas est le même pour les jours de pluie. En outre, ces conditions météorologiques peuvent affecter la qualité des données visuelles collectées. Par exemple, la lumière du soleil et le temps de vol peuvent affecter les spécifications de l'image.

De plus, les ombres et les éblouissements des surfaces réfléchissantes peuvent affecter la cartographie tridimensionnelle réalisée par la SAMU. Les sources magnétiques autour d'un UAS peuvent causer des interférences de communication, qui sont dues aux capteurs électriques de l'UAS, tels que le gyroscope ou la boussole, qui sont affectés. Par conséquent, le lieu de lancement et la trajectoire de vol de l'UAS doivent être éloignés des grands objets métalliques ou des structures en béton armé. En outre, la perte de connexion entre le système UAS et le contrôleur s'est produite à plusieurs reprises pendant les essais du système UAS, ce qui a entraîné des images manquantes et, par conséquent, a affecté la cartographie en trois dimensions. (Mosly, 2017, p.238) C'est pourquoi une deuxième plateforme de navigation est nécessaire, composée de SLAM, de réseaux de transmission de données et d'algorithmes avancés de contrôle de cap.

"C'est pourquoi les HES n'ont pas été largement utilisées dans l'industrie de la construction. Une batterie rechargeable au lithium est généralement utilisée comme source d'énergie dans un système d'assistance médicale d'urgence coûtant plusieurs centaines ou plusieurs milliers de dollars US. En raison de la faible durée de vie de la batterie, il est impératif qu'un SAMU revienne pour charger ou remplacer la batterie environ toutes les 25 minutes, selon la capacité de la batterie. Par conséquent, le court temps de vol d'un UAS devient un gros problème pour une tâche de construction continue d'une durée relativement longue. Compte tenu du faible poids d'un UAS et de la stabilité de l'électronique intégrée dans un UAS, il existe des restrictions pour les applications UAS dans des environnements météorologiques sévères tels que le vent, la pluie ou la neige. Dans le secteur de la construction en particulier, la plupart des tâches sont généralement effectuées dans des environnements extérieurs et sont plus sensibles aux mauvaises conditions météorologiques. (Mosly, 2017, p.238) Les seules solutions pour étendre l'autonomie sont de mettre en place des systèmes de collecte d'énergie tels que des panneaux photovoltaïques ou thermo-photovoltaïques, ou vous pouvez également modifier l'ensemble du système de génération de poussée en utilisant des moteurs électriques hybrides, des petits moteurs à réaction et des moteurs ioniques. "Les basses températures entraînent une perte de charge plus rapide des batteries, tandis que la chaleur est également problématique pour les moteurs et les hélices, car les RPA produisent généralement eux-mêmes une quantité de chaleur assez importante ; la chaleur peut donc provoquer une usure inutile des batteries, des ordinateurs et des moteurs. (Golizadeh et autres, 2019, p.11)

8.- Enquêtes et statistiques.

Les domaines d'application des drones dans l'industrie de la construction ayant déjà été observés, certaines statistiques étrangères réalisées pour des entités et du personnel spécialisés dans le secteur de la construction sur les sujets examinés ont été révisées. Les résultats peuvent être utiles pour connaître une approximation de l'acceptation de l'utilisation des drones dans la construction d'ouvrages dans n'importe quel pays du monde. "Une enquête en ligne a été utilisée avec des informations recueillies dans une base de données du domaine public du site web de la Federal Aviation Administration. L'enquête était un questionnaire conçu et distribué par Survey Monkey à quatre cents personnes travaillant dans le secteur de la construction aux États-Unis. Cinquante-sept pour cent (57 %) ont indiqué que l'utilisation de la SAMU apportait un avantage en termes de coûts à leurs entreprises, tandis que vingt-neuf pour cent (29 %) ont indiqué qu'aucun avantage en termes de coûts n'était ressenti, et treize pour cent (13 %) ont choisi de ne pas répondre à la question. Quarante-deux pour cent (42 %) ont reconnu que l'utilisation de la SAMU a eu un impact positif sur le calendrier de leurs projets, tandis que quarante-trois pour cent (43 %) ont indiqué qu'aucun impact positif sur le calendrier n'a été enregistré, et encore une fois treize pour cent (13 %) ont choisi de ne pas répondre à la question. (Tatum et Liu, 2017, p.170) Il semble que la plupart d'entre eux parviennent à visualiser certains avantages dans l'utilisation des drones, dans lesquels il est ratifié que la simplification des processus de construction parvient à réduire les coûts des projets.

"Les répondants ont été invités à répondre à une question ouverte leur demandant d'identifier les risques que leur entreprise éviterait en utilisant le SAMU sur leurs sites de construction. Quarante-quatre pour cent (44 %) des participants qui ont choisi de répondre à la question ont indiqué que l'utilisation du SAMU permettait à leur entreprise d'éviter les risques pour la sécurité de leur personnel. Vingt-six pour cent (26 %) des participants ont déclaré que les informations obtenues grâce à l'utilisation du SAMU permettaient à leurs entreprises de prendre des décisions plus éclairées. Les autres risques évités grâce à l'utilisation du SAMU enregistrés par les répondants comprenaient les coûts de construction et les calendriers associés aux pertes, les pertes associées aux demandes d'indemnisation parce que le SAMU fournissait des pièces justificatives pour leurs entreprises et enfin, les risques de sécurité. Par ailleurs, les répondants ont reçu une autre question ouverte qui leur demandait d'identifier tout risque qu'ils percevaient comme accompagnant l'utilisation de la SAMU sur leurs chantiers de construction. Trois fois plus de participants ont choisi de répondre à cette question par rapport au nombre de réponses à la question précédente relative aux risques évités. Cela indique probablement que l'utilisation du SAMU est perçue comme comportant plus de risques que ceux évités par son utilisation. Dix-sept pour cent (17 %) des réponses ont indiqué qu'aucun risque n'était perçu, laissant quatre-vingt-trois pour cent (83 %) identifier les risques perçus. Les quatre principaux risques identifiés sont d'abord le risque de chute du SAMU, ensuite le risque de causer des blessures aux employés ou aux civils et enfin il y a toujours le risque de causer des problèmes de respect de la vie privée". (Tatum et Liu, 2017, p.172-173)

"Afin de déterminer les utilisations futures possibles des drones sur les chantiers de construction, il a été demandé aux participants à l'enquête si leurs entreprises envisageaient une utilisation de drones pour laquelle la technologie n'existe pas encore ou n'est pas entièrement développée. 54 participants ont choisi de répondre à la question, 23 (43%) ayant répondu par l'affirmative. Une question de suivi ouverte a ensuite été posée pour déterminer les utilisations futures spécifiques envisagées. Les réponses individuelles ont été examinées afin d'extraire celles qui ont fourni les utilisations actuelles déjà identifiées dans l'étude. Les réponses qui offrent une application future unique des drones ont été comptées, les plus pertinentes étant l'entrée/sortie automatisée des employés, les contrôles de sécurité automatisés, le balayage des étiquettes RFID des matériaux dans les zones d'élimination des stocks, la livraison des matériaux, les promenades de travail à distance, la visualisation des vues d'un bâtiment avant sa construction, le balayage thermique des centrales photovoltaïques à l'échelle des services publics et les missions à l'intérieur. (Tatum et Liu, 2017, p.173) La plupart de ces demandes ont été vues dans ce texte et cette enquête démontre la viabilité économique de leur application, ce qui permet de convaincre plus facilement les entrepreneurs de la construction civile de leur demande.

"Les données de la FAA ont révélé que seulement 8 % des plus de deux mille entreprises décrivent explicitement leurs missions HES comme étant liées à la construction. Ces pourcentages et les avantages que la technologie UAS peut offrir aux entrepreneurs suggèrent qu'il existe un vaste marché pour d'autres fournisseurs de services UAS afin d'étendre leurs services dans l'industrie de la construction. (Tatum et Liu, 2017, p.174) Cela confirme que le marché des drones dédiés à la construction civile est une activité potentiellement évolutive dont les principaux facteurs de monétisation sont le temps, la taille de la zone de construction, les différents types de services, la multifonctionnalité et l'ouverture à d'autres technologies productives.

Une deuxième étude porte sur les avantages des drones pour la sécurité du personnel des chantiers de construction. "Cette étude a cherché à comprendre les applications possibles de l'utilisation du SAMU pour améliorer les pratiques de sécurité et identifier les caractéristiques de sécurité idéales du SAMU. Cet objectif a été atteint en élaborant un questionnaire en ligne et en le distribuant aux responsables de la sécurité. Le questionnaire a commencé par une brève introduction sur l'étude, ses politiques de confidentialité et une déclaration de consentement, suivie de questions destinées à recueillir des informations démographiques sur les participants. Le corps principal du questionnaire comprenait des questions sur la fréquence et l'efficacité de l'utilisation du SAMU pour améliorer les pratiques de sécurité et sur l'importance des diverses caractéristiques du SAMU pour faciliter leurs tâches liées à la sécurité. Des questions ont également été posées sur la fréquence d'utilisation des ASU à différentes distances, hauteurs, limites de temps et emplacements sur le chantier. Le lien du questionnaire a été distribué à une liste de contacts d'entrepreneurs obtenue auprès de l'Associated Builders and Contractors (ABC), de l'Associated General Contractors of America (AGC) et du conseil consultatif de l'université de Floride. Au total, 38 personnes ont accepté de participer à l'étude et 22 réponses valables ont été recueillies. Les personnes interrogées avaient en moyenne 24 ans d'expérience dans le secteur de la construction et 19 ans d'expérience spécifique en matière de sécurité dans la construction. (Gheisari et Esmaeili, 2016, p.2644)

"Seize situations dangereuses différentes ou activités liées à la sécurité ont été identifiées dans la littérature et pourraient être améliorées par la SAMU. Pour évaluer l'importance relative de ces pratiques, les participants ont été invités à déterminer à quelle fréquence la SAMU pourrait être utilisée dans chaque domaine et dans quelle mesure l'efficacité pourrait être améliorée. Le facteur d'importance pour chaque situation ou activité a été calculé en multipliant le score moyen d'efficacité et de fréquence. Les résultats montrent que le travail à proximité de véhicules/grues en plein essor a un facteur d'importance de 15,95, le travail à proximité d'un bord/ouverture non protégé a un facteur de 15,93, et le travail dans l'angle mort des équipements lourds totalise 14,83. Ce sont les trois opérations les plus importantes qui pourraient bénéficier de l'utilisation de la SAMU sur un projet de construction. À l'autre extrémité de l'échelle, les responsables de la sécurité ont constaté que les cinq activités les moins susceptibles de bénéficier de l'utilisation du SAMU étaient l'utilisation correcte du balisage/blocage, qui a un facteur de signification de 3,06, l'inspection des exigences ergonomiques, qui a un facteur de 4,44, l'inspection des exigences de protection des machines, qui a un facteur de 5,79, et l'inspection des opérations de gréage à risque, qui a un facteur de 6,79. Cela est compréhensible puisque l'identification de nombre de ces opérations nécessite une attention particulière ou un jugement humain. Autre constat intéressant : bien que l'utilisation du SAMU pour contrôler la bonne utilisation des équipements de protection individuelle (EPI) sur site puisse être très efficace, les responsables de la sécurité estiment que le SAMU ne sera pas utilisé très souvent pour contrôler la bonne utilisation des EPI. (Gheisari et Esmaeili, 2016, p.2644-2645) Ces résultats font référence à un premier aperçu de l'utilité des drones. Mais avec l'application de compléments appropriés comme la numérisation des BIM-UAV, l'internet des objets, la possibilité de contrôler d'autres véhicules et l'automatisation des processus, on s'attend à ce que la visualisation de ces tâches soit meilleure pour les experts de la construction civile.

"Caractéristiques techniques des HES pour les applications de sécurité dans la construction. Pour l'analyse technique, seize caractéristiques techniques (associées au véhicule, au poste de contrôle et aux parties du système UAS) qui pourraient être nécessaires pour améliorer les performances du système UAS à des fins de sécurité des bâtiments ont été identifiées dans la littérature et utilisées dans le questionnaire en ligne. Cette fonction fournirait aux responsables de la sécurité un autre point d'attention sur le lieu de travail pour inspecter directement les personnes et les machines à proximité de l'avion UAS. (Gheisari et Esmaeili, 2016, p. 2645-2646)

"Pouvoir naviguer avec précision dans un environnement extérieur était la deuxième caractéristique la plus importante notée par les responsables de la sécurité. Cela signifie que les responsables de la sécurité ont besoin d'un UAS capable de naviguer avec précision dans un environnement extérieur qui peut également détecter les objets coopératifs/non coopératifs à proximité du véhicule et effectuer des manœuvres d'évitement en cas de collision. L'importance de ces caractéristiques est évidente lorsqu'elle est liée aux classifications précédentes des responsables de la sécurité, qui sont importantes pour l'utilisation du SAMU à proximité de véhicules/grues à flèche, près de bordures/ouvertures non protégées ou dans les angles morts des équipements lourds. Toutes ces tâches exigent que le SAMU dispose d'une navigation précise ainsi que d'une fonction de détection et d'évitement afin d'accomplir avec succès ces tâches liées à la sécurité et de minimiser les problèmes de sécurité liés à la manœuvre d'un SAMU sur le chantier. La robustesse/durabilité a été évaluée par les responsables de la sécurité comme une autre caractéristique technique importante pour le véhicule et les parties du poste de commande d'un système de sécurité aérienne. Cela signifie que ces éléments de la SAMU devraient être capables de résister à l'environnement typique des projets de construction, avec une robustesse globale et une qualité durable pour protéger contre les chutes, la poussière ou l'eau. (Gheisari et Esmaeili, 2016, p. 2645-2646) Le point de départ de la sécurité des vols est la technologie des capteurs de localisation et de modélisation simultanées (SLAM) en combinaison avec la technologie LIDAR. Un algorithme de contrôle de vol peut utiliser les données du SLAM et du LIDAR pour effectuer la tâche d'évitement, puis identifier le nouveau contexte et stabiliser l'avion.

"Selon la qualification des responsables de la sécurité, la communication en temps réel par une caméra vidéo dans un drone est la caractéristique la plus importante d'un UAS, ils ont également qualifié les caractéristiques de contrôle de ce capteur vidéo comme très importantes pour les applications de sécurité. Les caractéristiques de la caméra vidéo activée comprennent la capacité du véhicule à incliner ou à déplacer le capteur vidéo. La mobilité dans l'un des trois axes de mouvement (roulis, tangage et lacet) aiderait les responsables de la sécurité à obtenir l'angle visible maximum du site de travail et à effectuer une meilleure inspection de sécurité. Les deux exigences les plus importantes de l'UAS, après une caméra vidéo activée, concernent la compatibilité du poste de contrôle avec d'autres appareils mobiles et une interface utilisateur simple, naturelle et interactive. Les responsables de la sécurité comprennent clairement l'importance de l'utilisation et de l'intégration du SAMU avec d'autres appareils mobiles portables courants qu'ils utilisent fréquemment sur leur lieu de travail. Ils veulent également une interface graphique simple avec laquelle ils peuvent facilement interagir et recevoir les informations requises. (Gheisari et Esmaeili, 2016, p.2646) Il existe actuellement des supports de cardan qui offrent un champ de vision de 360 degrés dans certains cas. Des systèmes de support de caméra plus complexes peuvent être mis en œuvre pour visualiser les bords intérieurs des ponts et des murs supérieurs. En outre, le service peut être étendu grâce à la création de logiciels et de compléments de visualisation holographique tridimensionnelle où tous les types de données sont présentés, tels que des modèles BIM nD multidimensionnels, des vues thermiques, des vues infrarouges, des données spectrales, des courbes de niveau, etc.

“Parmi les autres caractéristiques techniques jugées importantes, mais pas aussi élevées que celles évoquées ci-dessus, figurent la facilité de transport du véhicule et du poste de commande, le décollage et le retour automatique à la maison sans avoir recours à un pilote externe, la navigation autonome des points d'itinéraire à l'aide d'itinéraires ou de points prédéfinis, la communication audio en temps réel et la navigation intérieure de haute précision. La différence de classement entre les capteurs vidéo et audio, ainsi que la navigation de haute précision à l'intérieur et à l'extérieur, peut être liée à l'environnement de travail typique lié à la sécurité, qui se produit généralement à l'extérieur et nécessite une inspection visuelle directe de la main-d'œuvre et des machines. Cependant, le fait d'équiper l'UAV de capteurs de détection de mouvement ou de capteurs thermiques n'a pas été jugé aussi important que l'incorporation de capteurs vidéo et audio. (Gheisari et Esmaeili, 2016, p.2646)

“Les responsables de la sécurité ont également indiqué que si on leur fournissait un UAS à des fins d'inspection de sécurité, ils le feraient souvent voler en dessous de 200 pieds et rarement à plus de 400 pieds. Les responsables de la sécurité ont également indiqué qu'ils devraient probablement utiliser le SAMU pour inspecter des endroits inaccessibles situés à moins de 500 pieds. (Gheisari et Esmaeili, 2016, p.2647)

9.- Conclusions.

Ce texte a passé en revue les avancées technologiques dans l'industrie des drones et leur application à l'industrie de la construction. Il a été démontré que le drone est un instrument de soutien et d'assistance efficace qui peut simplifier les processus dans un projet de construction civile. L'UAV seul n'est pas utile car la fonction de vol n'en profite pas du tout, sa véritable cause de succès sont les capteurs et les caméras qui apportent de la valeur en numérisant rapidement toute information. C'est alors que les options de monétisation résident dans les applications possibles du drone. La liste complète des demandes vues est:

1.- Service de photographie et de vidéo à base de drones pour l'évaluation des projets

2.- Service d'inspection géographique du sol utilisant le radar à pénétration de sol (GPR) pour la planification du chantier.

3.- Service d'inspection géographique du terrain par balayage térahertz pour la planification du chantier de construction.

4.- Service d'inspection géographique du terrain par balayage hyperspectral pour la planification du chantier de construction.

5.- Service d'inspection géographique du terrain par balayage laser pour la planification du chantier de construction.

6.- Service d'inspection géographique des glissements de terrain par balayage LIDAR pour la planification du chantier.

7.- Service de fouilles intelligentes par l'intégration entre les HES et les UGV.

8.- Suivi des services et estimation des déchets de construction par photogrammétrie.

9.- Service de suivi logistique des chantiers de construction utilisant la RFID.

10.- Service de suivi logistique par l'image et la réalité augmentée.

11.- Service de suivi des structures temporaires au moyen de la RFID et de la reconstruction tridimensionnelle.

12.- Service de gestion de la sécurité au travail par la transmission d'images et de vidéos en temps réel.

13.- Service de détection de la fatigue et de prévention des accidents au moyen de caméras qui identifient les mouvements gestuels.

14.- Service d'obtention d'images et de vidéos à utiliser dans le cadre d'éventuels litiges juridiques.

15.- Service de contrôle sanitaire des structures temporaires de construction au moyen d'images RBG et de capteurs thermiques infrarouges.

16.- Service de communication mobile rapide par transmission vidéo et audio.

17.- Service de surveillance de proximité pour la prévention des accidents.

18.- Service pour le développement de systèmes numériques BIM d'inspection de la sécurité du travail.

19.- Service de contrôle de la qualité du processus de construction par le biais du BIM et du LIDAR.

20.- Service de contrôle de la qualité du processus de construction par BIM et photogrammétrie aérienne pour la reconstruction 3D.

21.- Service de contrôle de la qualité du processus de construction par le biais du BIM et de la surveillance thermique.

22.- Service de contrôle de la qualité du processus de construction par BIM et imagerie hyperspectrale.

23.- Service d'animation du progrès de la construction par des images multidimensionnelles BIM, RBG, LIDAR, thermiques et hyperspectrales.

24.- Service d'optimisation de la productivité par l'élimination des distracteurs avec les images RBG.

25.- Service de photogrammétrie aérienne des structures pour la reconstruction 3D à partir d'images RBG.

26.- Service de photogrammétrie aérienne des pistes et des terrains basé sur les images RBG.

27.- Service de surveillance en temps réel du chantier à l'aide de capteurs multiples.

Service de reconstruction du contexte de l'œuvre pour sa gestion à travers le LIDAR et Unity 3D.

29.- Service de transport de matériaux de construction avec UAV.

30.- Service mobile d'éclairage aérien avec UAV.

31.- Service de construction aérienne avec UAV.

32.- Service de mesure des radiations dans les centrales nucléaires.

33.- Service de télédétection et d'inspection de la santé structurelle des bâtiments au moyen de la thermographie infrarouge.

34.- Service de détection de fissures utilisant des images RBG à haute résolution.

35.- Service de détection des fuites de fluides et d'humidité au moyen de caméras thermiques.

36.- Service d'estimation des performances des conduits et des tuyaux au moyen de caméras thermiques.

37 - Service d'inspection du tassement du mélange frais en pleine construction au moyen de caméras thermiques.

38.- Service d'inspection aérienne des gazoducs et oléoducs au moyen de chambres hyperspectrales.

39.- Service d'inspection aérienne des gazoducs et oléoducs au moyen d'un scanner térahertz.

40 - Service d'inspection des haubans de ponts suspendus au moyen de caméras hyperspectrales, de capteurs thermiques infrarouges et de LIDAR.

41.- Service de prévision de la vulnérabilité sismique des bâtiments au moyen de LIDAR et de caméras multispectrales.

42.- Service d'inspection des toits pour la mise en place de systèmes de collecte des eaux de pluie au moyen de caméras hyperspectrales, d'images RBG et LIDAR.

43 - Service d'inspection des tunnels à l'aide de caméras RBG et reconstruction virtuelle avec Unity 3D.

44.- Service d'identification des fissures et fractures dans les tunnels au moyen de caméras thermiques infrarouges.

45.- Service d'identification des fuites de fluides dans les tunnels au moyen de caméras thermiques infrarouges.

46.- Service d'automatisation des tunnels de services souterrains urbains au moyen de BIM-GIS 3D et de la photogrammétrie aérienne.

47.- Service d'inspection des ponts et des constructions anciennes par photogrammétrie, thermographie infrarouge et radar à pénétration de sol.

48.- Service de contrôle de l'humidité dans l'infrastructure au moyen de la

RFID.

49.- Service d'identification des fissures dans les routes au moyen d'un balayage laser aéroporté en UAV.

50 - Service de classification et de recyclage de matériaux de construction civils au moyen de caméras hyperspectrales.

51.- Service de surveillance énergétique des structures au moyen de caméras thermiques.

52.- Service de surveillance des lignes électriques au moyen de caméras thermiques infrarouges.

53 - Service d'inspection des conduits de ventilation avec MAV au moyen de capteurs barométriques et thermiques.

54.- Service d'inspection de la qualité de l'air et de détection des allergènes dans les bâtiments au moyen de détecteurs d'allergènes.

55.- Service de création de vidéos publicitaires multidisciplinaires dans différentes vues incluant la réalité augmentée, la réalité virtuelle et la réalité mixte.

Il convient de noter que ces services sont améliorés par l'inclusion d'un système BIM qui gère toutes les données fournies par le drone. De même, le drone pourra plus facilement remplir plusieurs fonctions en même temps grâce à l'inclusion d'un ordinateur embarqué.

Les résultats révèlent que les principales contributions sont la sécurité au travail, la rentabilité et la réduction des émissions de carbone, tandis que les limitations actuelles des drones multirotor dans le cadre de la législation actuelle peuvent avoir des effets négatifs. Cependant, on peut prédire que l'utilité des drones continuera à augmenter dans l'avenir de l'industrie de la construction. Si le lecteur décide d'entrer dans l'industrie des drones dans le secteur de la construction civile, il doit se rappeler qu'il doit d'abord spécifier le service le plus facile à réaliser, comme la photogrammétrie aérienne et la détection de fissures avec des images haute définition. Vous pouvez alors acheter des drones plus complexes et des capteurs plus avancés pour gérer les pré-tests du service avec vos clients. Avec la multiplication des services et l'augmentation des revenus des clients, vous pouvez gérer les relations avec les fournisseurs de logiciels de BIM et d'informatique embarquée afin d'intégrer des systèmes BIM-GIS 3D-UAV-UGV pour rendre viables tous les services mentionnés dans ce livre. D'autres livres sur la monétisation des drones dans d'autres secteurs industriels seront bientôt publiés, et n'oubliez pas que l'industrie des drones ne fait qu'émerger à l'échelle industrielle.

Bibliographie

1. Alizadehsalehi, S., Yitmen, I., Celik, T., & Arditi, D. (2018). The Effectiveness of an Integrated BIM/UAV Model in Managing Safety on Construction Sites. International Journal of Occupational Safety and Ergonomics.

2. Amano, K., Lou, E., & Edwards, R. (2018). Integration of point cloud data and hyperspectral imaging as a data gathering methodology for refurbishment projects using building information modelling (BIM). Journal of Facilities Management.

3. Anwar, N., Amir Izhar, M., & Ahmed Najam, F. (2018). Construction Monitoring and Reporting using Drones and Unmanned Aerial Vehicles (UAVs). The Tenth International Conference on Construction in the 21st Century (CITC-10), (págs. 1-8). Colombo.

4. Attard, L., James Debono, C., Valentino, G., & Di Castro, M. (2018). Tunnel inspection using photogrammetric techniques and image processing: A review. ISPRS Journal of Photogrammetry and Remote Sensing, 180–188.

5. Biscarini, Catapano, Cavalagli, Ludeno, Pepe, & Ubertini. (2020). UAV photogrammetry, infrared thermography and GPR for enhancing structural and material degradation evaluation of the Roman masonry bridge of Ponte Lucano in Italy . NTD and E International , 1-15.

6. Cajzek, R., & Klansek, U. (2016). An unmanned aerial vehicle for multi-purpose tasks in construction industry. Journal of Applied Engineering Science, 314-327.

7. Capdevila, Roqueta, Guardiola, Jofre, Romeu , & Bolomey . (2012). Water Infiltration Detection in Civil Engineering Structures Using RFID. 6th European Conference on Antennas and Propagation (EUCAP) (págs. 2505-2509). IEEE.

8. Chan Lee, P., Wang, Y., Ping Lo, T., & Long, D. (2018). An integrated system framework of building information modelling and geographical information system for utility tunnel maintenance management. Tunnelling and Underground Space Technology, 263–273.

9. Choi, Zhu, & Kurosu . (2016). DETECTION OF CRACKS IN PAVED ROAD SURFACE USING LASER SCAN IMAGE DATA. The International Archives of the Photogrammetry, Remote Sensing and Spatial Information Sciences, (págs. 559-562). Prague.

10. Ciampa, E., De Vito, L., & Rosaria Pecce, M. (2019). Practical issues on the use of drones for construction inspections. Journal of Physics: Conference Series.

11. Dastgheibifard, S., & Asnafi, M. (2018). A Review on Potential Applications of Unmanned Aerial Vehicle for Construction Industry. Sustainable Structure and Materials, 44-53 .

12. Dupont, Q., Chua, D., Tashrif, A., & Abbott, E. (2017). Potential Applications of UAV along the Construction's Value Chain . Procedia Engineering, 165 – 173 .

13. Elghaish, F., Matarneh, S., Talebi, S., Kagioglou, M., Reza Hosseini, M., & Abrishami, S. (2020). Toward digitalization in the construction industry with immersive and drones technologies: a critical literature review. Smart and Sustainable Built Environment .

14. Entrop, & Vasenev. (2017). Infrared drones in the construction industry: designing a protocol for building thermography procedures. 11th Nordic Symposium on Building Physics, NSB2017, (págs. 63-68). Trondheim.

15. Erdelj, M., & Natalizio, E. (2016). UAV-Assisted Disaster Management: Applications and Open Issues. International Workshop on Wireless Sensor, Actuator and Robot Networks - ICNC Workshop.

16. Ertugrul, E., Kocaman, U., & Koray Sahingoz, O. (2018). Autonomous Aerial Navigation and Mapping for Security of Smart Buildings. 2018 6th International Istambul Smart Grids and Cities Congress and Fair (ICSG) (págs. 168-172). Istanbul: IEEE.

17. Furtado Falorca, J., & Gonçalves Lanzinha, J. (2020). Facade inspections with drones–theoretical analysis and exploratory tests. International Journal of Building Pathology and Adaptation .

18. Gheisari, M., & Esmaeili, B. (2016). Unmanned Aerial Systems (UAS) for Construction Safety Applications . Construction Research Congress 2016, (págs. 2642-2650).

19. Golizadeh, H., Reza Hosseini, M., John Edwards, D., Abrishami, S., Taghavi, N., & Banihashemi, S. (2019). Barriers to adoption of RPAs on construction projects: a task–technology fit perspective. Construction Innovation.

20. Ham, Y., Han, K., Lin, J., & Golparvar-Fard, M. (2016). Visual monitoring of civil infrastructure systems via camera-equipped Unmanned Aerial

Vehicles (UAVs): a review of related works. Visualization in Engineering , 1-8.

21. Hollstein, F., Cacho, Í., Arnaiz, S., & Wohllebe, M. (2016). Challenges in Automatic Sorting of Construction and Demolition Waste by Hyperspectral Imaging . Proc. of SPIE Vol. 9862 Advanced Environmental, Chemical, and Biological Sensing Technologies XIII, edited by Tuan Vo-Dinh.

22. Hongxia, L., & Qi, F. (2016). Application of UAV in the Field Management of Construction Project. Iberian Journal of Information Systems and Technologies, 235-243.

23. Hubbard, B., Wang, H., Leasure, M., Ropp, T., Lofton, T., Hubbard, S., & Lin, S. (2015). Feasibility Study of UAV use for RFID Material Tracking on Construction Sites . 51st ASC Annual International Conference Proceedings (págs. 1-8). Associated Schools of Construction .

24. Janssen, S. (2015). Assessing the perception of drones in the construction industry . University of Twente.

25. Jieh Haur, C., Sheng Kuo, L., Ping Fu, C., Li Hsu, Y., & Da Heng, C. (2018). Feasibility Study on UAV-assisted Construction Surplus Soil Tracking Control and Management Technique. IOP Conference Series: Materials Science and Engineering.

26. Kerle, N., Nex, F., Gerke, M., Duarte , D., & Vetrivel, A. (2019). UAV-Based Structural Damage Mapping: A Review. ISPRS International journal of geo-information, 1-23.

27. Kim, D., Liu, M., Lee, S., & Kamat, V. (2019). Remote proximity monitoring between mobile construction resources using camera-mounted UAVs. Automation in Construction, 168–182.

28. Laefer, D. (2020). Harnessing Remote Sensing for Civil Engineering: Then, Now, and Tomorrow. En J. Kumar Ghosh, & I. da Silva, Applications of Geomatics in Civil Engineering (págs. 3-30). Springer.

29. Leonardi, G., Barrile, V., Palamara, R., Suraci, F., & Candela, G. (2018). 3D Mapping of Pavement Distresses Using an Unmanned Aerial Vehicle (UAV) System. En F. Calabro, & L. Della Spina, New Metropolitan Perspectives (págs. 164-171). Springer.

30. Li , Y., & Liu, C. (2018). Applications of multirotor drone technologies in construction management. International Journal of Construction Management, 1-12.

31. Lu, K., Xie, J., Wan, Y., & Fu, S. (2019). Toward UAV-Based Airborne Computing. IEEE Wireless Communications , 172-179.

32. Made, Blaskow, Westfeld, & Weller. (2016). POTENTIAL OF UAV-BASED LASER SCANNER AND MULTISPECTRAL CAMERA DATA IN BUILDING INSPECTION. The International Archives of the Photogrammetry, Remote Sensing and Spatial Information Sciences, (págs. 1135-1242). Prague.

33. Moser, V., Barišić, I., Rajle, D., & Dimter, S. (2016). Comparison of different survey methods data accuracy for road design and construction . Proceedings of the International Conference on Road and Rail Infrastructure CETRA. Sibenik.

34. Mosly, I. (2017). Applications and Issues of Unmanned Aerial Systems in the Construction Industry . International Journal of Construction Engineering and Management, 235-239.

35. Niethammer, U., James, M., Rothmund, S., Travelletti, J., & Joswig, M. (2012). UAV-based remote sensing of the Super-Sauze landslide: Evaluation and results. Engineering Geology, 2–11.

36. Norman, M., Zulhaidi Mohd Shafri, H., Mansor, S., Yusuf, B., & Ain Wahida Mohd Radzali, N. (2020). Fusion of multispectral imagery and LiDAR data for roofing materials and roofing surface conditions assessment. International Journal of Remote Sensing, 1-22.

37. Patrick, O., Nnadi, E., & Ajaelu, H. (2020). Effective use of Quadcopter drones for safety and security monitoring in a building construction sites: Case study Enugu Metropolis Nigeria. Journal of Engineering and Technology Research, 37-46.

38. Rathinam, S., Whan Kim, Z., & Sengupta, R. (2008). Vision-Based Monitoring of Locally Linear Structures Using an Unmanned Aerial Vehicle. JOURNAL OF INFRASTRUCTURE SYSTEMS, 52-63.

39. Rodrigues Santos de Melo, R., Bastos Costa, D., Sampaio Álvares, J., & Irizarry, J. (2017). Applicability of unmanned aerial system (UAS) for safety inspection on construction sites. Safety Science, 174–185.

40. Sampaio Álvares, J., Bastos Costa, D., & Rodrigues Santos de Melo, R. (2018). Exploratory study of using unmanned aerial system imagery for construction site 3D mapping. Construction Innovation.

41. Singh Pahwa, R., Yanting Chan, K., Bai, J., Billy Saputra, V., Do, M., & Foong, S. (s.f.). Dense 3D Reconstruction for Visual Tunnel Inspection using Unmanned Aerial Vehicle.

42. Skinnemoen, H. (2014). UAV & Satellite Communications Live Mission-Critical Visual Data . 2014 IEEE International Conference on Aerospace Electronics and Remote Sensing Technology (ICARES) (págs. 12-19). IEEE.

43. Tatum, M., & Liu, J. (2017). Unmanned Aircraft System Applications In Construction . Procedia Engineering, 167 – 175 .

44. Vacanas, Y., Themistocleous, K., Agapiou, A., & Hadjimitsis, D. (2015). Building Information Modelling (BIM) and Unmanned Aerial Vehicle (UAV) technologies in infrastructure construction project management and delay and disruption analysis . Third International Conference on Remote Sensing and Geoinformation of the Environment (RSCy2015). Proc. of SPIE Vol. 9535.

45. Verykokou, S., Doulamis, A., Athanasiou, G., Ioannidis, C., & Amditis, A. (2016). UAV-Based 3D Modelling of Disaster Scenes for Urban Search and Rescue. 2016 IEEE International Conference on Imaging Systems and Techniques . Chania: IEEE.

46. Wild, W. (2007). Application of infrared thermography in civil engineering . Proc. Estonian Acad. Sci. Eng., 436–444.

47. Willmann, J., Augugliaro, F., Cadalbert, T., D'Andrea, R., Gramazio, F., & Kohler, M. (2012). Aerial Robotic Construction Towards a New Field of Architectural Research. International journal of architectural computing , 439-459.

48. Won, D., Chi, S., & Park, M.-W. (2020). UAV-RFID Integration for Construction Resource Localization. KSCE Journal of Civil Engineering , 1683-1695.

49. Zhang, C., & Elaksher, A. (2012). An Unmanned Aerial Vehicle-Based Imaging System for 3D Measurement of Unpaved Road Surface Distresses. Computer-Aided Civil and Infrastructure Engineering, 118–129.

50. Zhou, Z., Irizarry, J., & Lu, Y. (2018). A Multidimensional Framework for Unmanned Aerial System Applications in Construction Project Management. Journal of Management in Engineering , 1-15.

D'autres volumes de la série "Gagner de l'argent avec les drones" seront bientôt publiés.

Printed by Amazon Italia Logistica S.r.l.
Torrazza Piemonte (TO), Italy